U0004546

台灣自然圖鑑 047

# 怦然心動的玫瑰圖鑑

ときめく薔薇図鑑

聖多諾黑
*Saint Honoré*

達芙妮
*Daphne*

施密特花卉
*Blumenschmidt*

豐華
*Hoka*

晨星出版

# 目次

Story 3

## 與玫瑰一起生活



Story 4

## 栽培玫瑰



Story 5

## 玫瑰的祕密



*日文「薔薇」一詞在中國泛指單季開花的野生玫瑰或是蔓性玫瑰，本書內容以書名《怦然心動的玫瑰圖鑑（ときめく薔薇図鑑）》為基準，將專有名詞以外的外來種玫瑰統一標記為玫瑰。

*玫瑰名稱譯名採一般常見名稱，不同銷售廠商（業者）可能會有不同之名稱，敬請理解。

# 前言

## 歡迎來到由玫瑰孕育出的令人怦然心動的世界

開始與玫瑰一起生活後，
多數時間我都與帶有「令人怦然心動」特質的玫瑰膩一起。
比方說，被眼前豔麗玫瑰與香氣擄獲心房的時間，
或是享受著將玫瑰運用在生活中的時間……
倘若您翻開玫瑰的歷史，
就會發現那帶有「令人怦然心動」特質的玫瑰，
早已存在於遙遠的時空。
希望您務必從持續綻放至現代的玫瑰身上，
充分感受到這股「令人怦然心動」的感覺。
也期望本書能夠助您一臂之力。

Story 1

# 對玫瑰的記憶

據說目前玫瑰品種約有三萬種之多。
其中野生的玫瑰約有一五〇～二〇〇種，
全都誕生在北半球。
玫瑰花的高貴姿態、優雅的香氣……
總吸引著許多人。
現在就由我帶領著您進入玫瑰所孕育出的魅惑世界。

# 名留世界史的玫瑰

玫瑰是薔薇科薔薇屬的植物，據說目前品種約有三萬種。美國的科羅納州以及奧蘭多州曾在七〇〇〇～三五〇〇萬年前的中世紀白堊紀到新生代第三紀始新世的地層中發現玫瑰化石。

世界最古老的玫瑰記敘是在公元前二六〇〇年左右，描述古代蘇美王朝都市國家烏魯克的國王——吉爾伽美什的「吉爾伽美什史詩」（約於公元前二〇〇〇年完成）。此外，最古老的玫瑰畫作則是於公元前一五〇〇年左右所繪製，從希臘克里特島、克諾索斯王宮中挖掘出的溼壁畫（Fresco）——「青鳥庭園」（伊拉克里歐考古學博物館館藏）。該圖描繪出的玫瑰被認爲是從安那托利亞（小亞細亞）經過愛琴海東南端的羅得島而來，而羅得島的希臘語爲「Ρόδον」帶有玫瑰之意。之後，玫瑰被繪製在羅馬時代壁畫上、歷經英國玫瑰戰爭（成爲都鐸玫瑰紋章上的圖騰）等各種坎坷的歷史，更多的故事又繼續在義大利文藝復興時期的繪畫中、法國拿破崙一世皇后約瑟芬的玫瑰中訴說。

## 解析玫瑰歷史的五大關鍵字

### 1 羅馬時代壁畫上的玫瑰

羅馬帝國開國君主奧古斯都的皇后莉薇亞在公元前三〇～二十五年左右於行宮餐廳的牆壁上畫了石榴、椰棗、德國洋甘菊、月桂樹等，以及看似高盧玫瑰的玫瑰花。

### 2 作為藥用及香料的玫瑰

古波斯時期即開始栽培玫瑰，主要用於藥用及香料，並且引進至中東與近東、希臘、羅馬。藥用高盧玫瑰（Rosa Gallica officinalis），別名：藥劑師玫瑰（Apothecary's Rose）。

### 3 玫瑰戰爭

一四五五年開始持續三十年的英國王位繼承權爭奪戰中，約克家採用白玫瑰（Rosa alba），蘭開斯特家則採用紅玫瑰（Rosa Gallica officinalis）作為紋章，故被稱作玫瑰戰爭。

### 4 山德羅•波提且利

文藝復興初期，畫家山德羅．波提且利（Sandro Botticelli）受到美第奇家族的賞識，畫出〈維納斯的誕生〉以及〈春〉，畫中仔細描繪出高盧玫瑰（Gallica）、洋玫瑰（centifolia）、白花玫瑰（Alba）等種類的玫瑰。

### 5 約瑟芬與《玫瑰圖譜》

法國皇帝拿破崙一世的皇后約瑟芬從全世界移植了約三〇〇種的玫瑰至馬爾梅松城堡中，並由宮廷畫家雷杜德畫下諸多玫瑰的畫作，之後雷杜德發行《玫瑰圖譜》。

Memory 2

# 喜愛玫瑰的人們

從很久很久以前開始，玫瑰就一直魅惑著象人。特別是古希臘的文人雅士，受到該影響傳承的羅馬人為了表達對玫瑰的熱情，甚至訂定了一個名為「St. Rosalia Day」的國定假日，他們會在街角擺放漂浮著玫瑰花瓣的水缸、在公共浴池中撒上玫瑰花瓣，連枕頭內都塞滿了玫瑰花瓣，並且暢飲著帶有玫瑰花瓣的葡萄酒、食用玫瑰布丁等，享受充滿著玫瑰的一天。

埃及最早的農耕聚落文化遺跡——法尤姆遺址中，曾發現約七〇〇〇年前的玫瑰花圈。古代蘇美都市國家——烏爾的皇家果園，也曾將玫瑰與葡萄、無花果等栽種在一起。一八八八年，英國考古學家弗林德斯・皮特里（Sir William Matthew Flinders Petrie）從埃及古墓遺跡中發現由一種五瓣花朵製作而成的「花環」，推測可能有一種稱作「聖羅莎（Sancta Rosa）」的玫瑰存在。

玫瑰亦是古埃及備受世人推崇、掌管愛與命運的守護神——伊西斯（Isis）手上捧著的花卉之一。希臘神話中的玫瑰象徵著愛與美的女神——「維納斯」所表現出的愛、喜悅、美與純潔，經常出現在伊斯蘭教及基督教等各種宗教場合。

## 被玫瑰的魔法魅惑而在歷史留名的人

### 1

荷馬
（Homer）

公元前八世紀左右，由古代希臘詩人荷馬所著、全世界最古老的敘事詩《伊利亞德》中寫著：「希臘美神──阿芙羅黛蒂塗抹香膏……」，並且將年輕人的美貌表現為「玫瑰般的臉頰」。

### 2

莎芙
（Sappho）

公元前七世紀後半的古希臘女詩人──莎芙讚譽：「玫瑰，花之后，她的香氣彷彿是戀愛的嘆息」。

### 3

阿那克里翁
（Anacreon）

公元前六世紀左右，希臘抒情詩人──阿那克里翁吟詠：「玫瑰花是戀之花，玫瑰花是愛之花，玫瑰花是花之后」。

### 4

克麗奧佩脫拉
七世：埃及豔后
（Cleopatra）

公元前一世紀，克麗奧佩脫拉七世會在地上鋪滿玫瑰花瓣，以款待、迎接羅馬將軍──凱薩以及馬克·安東尼。相傳也會用大量的玫瑰花水來沐浴，訴說著埃及當時栽種玫瑰的興盛情形。

### 5

羅馬帝國
尼祿皇帝

公元一世紀，羅馬帝國第五代皇帝──尼祿對玫瑰的痴狂眾人皆知，他會戴上玫瑰做的皇冠、用玫瑰去裝飾宮廷晚宴，據說曾有一名賓客因被撒落的玫瑰花瓣掩埋而窒息等軼事流傳至今。

Memory 3

# 在日本盛開的玫瑰

日本最古老與玫瑰相關的文獻是在公元七二一年左右完成的《常陸國風土記》，其中記載著「茨蔾（うばら）」。《萬葉集》中提到「野玫瑰（うまら）」，《古今和歌集》中也有提及「玫瑰（さうび）」。「さうび」是中文「薔薇」的音讀，推測當時正逢玫瑰自中國輸入日本。中國「玫瑰」有單季開花的野生種玫瑰與蔓性玫瑰，以及被稱作「月季（中國玫瑰）」、四季開花的灌木玫瑰，「長春」一詞即是表現在文學上的玫瑰。

日本平安時代《枕草子》及《源氏物語》中也有對「薔薇（そうび）」的記述。藤原定家《明月記》中提及「長春花」的由來即源自於中國的月季花。

繪畫方面，從描繪祭祀藤原氏氏神的春日大社以及春日明神靈驗譚的《春日權現靈驗記》繪卷中即可看到月季花。江戶時代有各種園藝書籍出版，從日本第一本植物圖鑑《本草圖譜》中得知當時玫瑰等植物即存在於日本。

明治時期，日本人前仆後繼、嚮往著綻放於外國人居留地等處的「西洋花卉」——玫瑰，衆人栽種玫瑰的熱切度高漲。開始舉行花卉品評會、培育新品種玫瑰。明治後期在東京近郊打造溫室，開始栽培切花用的玫瑰。

## 從中國傳至西方的玫瑰，是讓人憧憬的珍寶

### 1 常陸國風土記

公元七二一年完成的《常陸國風土記》的茨城郡條描寫著「為了殲滅佐伯土賊，那些住在洞穴裡的人會將蒺藜放在洞穴內以避免威脅，一旦被攻入就會把蒺藜披在身上」。

### 2 萬葉集

僅有以下一句，「道の辺のうまらの末に這ほ豆の からまる君を別れ行かむ（路邊野玫瑰末端爬滿豆藤蔓君離我遠去）（丈部鳥卷 20-4352 番）」，藉由「野玫瑰」歌詠著分離的心情。

### 3 支倉常長與薔薇寺（圓通院）

遣歐使節團使者支倉常長，從歐洲帶回西洋玫瑰畫，被繪於宮城縣松島「圓通院」之中、國家指定重要文化財「三慧殿」的佛龕上。

### 4 長崎 哥拉巴公園

哥拉巴公園內，一位來自天草地方的專業建築人士——小山秀之進於一八六五年施工的舊式奧瑞圖邸（W. Oruto）內，據說有樹齡超過百年、日本最古老的木香花，迄今都還生長著。

### 5 橫濱港

一八五九年橫濱港開港，橫濱山手地區成為外國人的居留地。該城鎮的外國人庭院中開滿了美麗的「西洋玫瑰」，周圍日本人投以羨慕的眼神，並將其稱作「牡丹薔薇（牡丹茨）」。

Memory 4

# 玫瑰的分類與綻放方法

玫瑰可以大致分類為三種：①野生種、②古典玫瑰、③現代玫瑰。野生種玫瑰品種據說有一五〇～二〇〇種，在此介紹幾種對現代玫瑰誕生有所貢獻的主要原種玫瑰。所謂原種是指對於玫瑰品種改良有所貢獻的野生種。

**高盧玫瑰**（Rosa gallica）　最古老的歐洲野生種、紅玫瑰始祖。

**突厥玫瑰**（Rosa damascena）　對於含有大馬士革芳香品種玫瑰的誕生有所貢獻。

**麝香玫瑰**（Rosa moschata）　對於多花性玫瑰的誕生有所貢獻。

**中國玫瑰／月季**（Rosa chinensis）　對於四季開花特性的玫瑰誕生有所貢獻。

**香粉月季／迷你月季**（Rosa chinensis minima）　迷你玫瑰的始祖，對於各式各樣的迷你玫瑰園藝品種以及多花玫瑰（Polyantha rose）的誕生有所貢獻。

**白花玫瑰／大花香水月季**（Rosa gigantea）　對於劍瓣花瓣與紅茶香氣成分——茶玫瑰元素（Tea Rose Element）的誕生有所貢獻。

**犬玫瑰**（Rosa canina）　又稱「狗薔薇」，是歐洲園藝品種的砧木。

**野玫瑰**（Rosa multiflora）　野薔薇。日本園藝品種的砧木。於十九世紀初傳至歐洲，對於蔓性玫瑰（Rambler Rose）以及多花玫瑰（Polyantha rose）的產出有所貢獻。

**光葉玫瑰** Rosa wichuraiana　英文名：Rosa luciae。十九世紀末傳至法國及美國，對於蔓性玫瑰的誕生有所貢獻。

**異味玫瑰**（Rosa foetida）　對於黃玫瑰的誕生有所貢獻。

**野生玫瑰**（Rosa rugosa）　對於耐寒性玫瑰的誕生有所貢獻。

## 玫瑰綻放方式有很多種，以下爲主要的綻放型態

### 1 單瓣型（Single）

五片花瓣平開，可以直接看到花蕊，給人輕盈、我見猶憐的印象。不僅是野生種，在園藝品種方面也頗受人喜愛因而出現許多品種。

### 2 半重瓣型（Semi-double）

比單瓣的花瓣數量多好幾倍，而呈現平開型，可以直接看到花蕊。這種玫瑰往往會給人一種我見猶憐的印象，是相當受到歡迎的花型。

### 3 杯型（cup）

外側花瓣會稍微往內側彎曲，開花時很像是在支撐中間花瓣的感覺。有綻放彎曲度較強的深杯型，也有淺杯型（The Shallow Cup）的玫瑰。

### 4 簇生型（Rosette）

古典玫瑰中最常見的花型。花瓣數量較多，呈放射狀，姿態優雅。花心會分成四等分的，稱作四分簇生型。另外，還有會緩緩舒展成簇生型的玫瑰。

### 5 劍瓣高心型

花朵綻放時，花瓣前端較尖，如：白花玫瑰／大花香水月季，花朵的中心處較高。常見於現代大花香水月季（HT系統）等現代玫瑰花型，盛開時的花型相當華麗。也有比起劍瓣型，前端部位沒有那麼明顯的半劍瓣型。

## [主要的古典玫瑰系統]

G（高盧玫瑰 -Gallica 系統） 最古老的玫瑰，起源於高盧玫瑰的品種系統。

D（突厥玫瑰 -Damask 系統）由高盧玫瑰與麝香玫瑰、腺果玫瑰等眾說紛紜的品種雜交而來的品種系統。

A（白花玫瑰 - Alba 系統）由犬玫瑰與突厥玫瑰系品種雜交而來的品種系統

C（洋玫瑰 -Centifolia 系統） 突厥玫瑰系品種與白花玫瑰系品種雜交後，於十六世紀左右出現的品種系統。

M（苔蘚玫瑰 -Moss 系統）洋玫瑰系品種的突變，在十七世紀末左右出現的品種系統。

Ch（中國月季 -China 系統）中國月季的起源品種系統。

P（波特蘭玫瑰 -Portland 系統）推測應是由大馬士革之秋與紅月季雜交而來。基本品種（Duchess of Portland〔一八〇〇年〕）是由波特蘭公爵夫人於義大利發現後攜回英國。

N（oisette 系統）由麝香玫瑰與粉月季雜交而來的中國粉紅月季（一八一一年）基本品種。此種玫瑰的實生品種——粉紅諾塞特（Blush noisette）在法國開得比諾塞特更多。

B（波旁玫瑰 -Bourbon 系統） 植物學家（Nicolas Bréon）在留尼旺（Bourbon，舊稱：波旁島）上發現的品種——愛德華玫瑰（Rose edouard）。推測應該是大馬士革之秋與中國月季雜交而來（一八一九年以前），以此作為基本品種系統。

T（茶玫瑰 -Tea 系統 ）將中國的彩暈香水月季以及淡黃香水月季，以單一品種方式交配而成的品種系統。

HArv（雜交野薄荷玫瑰 -Hybrid Arvensis 系統）歐洲原種的野玫瑰雜交品種。據說皆屬亞爾玫瑰（Ayrshire）系統。

HMult（雜交野玫瑰 -Hybrid Multiflora Rose 系統）亞洲原種的野玫瑰雜交品種系統。

HSet（雜交草原玫瑰 -Hybrid Setigera 系統）北美的原種野玫瑰雜交品種系統。

HP（雜交古典玫瑰 -Hybrid Perpetual 系統）波特蘭系統、諾塞特系統、波旁系統、茶玫瑰系統等品種的雜交品種系統

## [現代玫瑰系統]

一八六七年，法國玫瑰育種家吉洛（Guillot）培育出第一款現代玫瑰——拉法蘭西（La France）。因此，一般來說會依循美國玫瑰協會（American Rose Society）的分類法，將一八六七年後的玫瑰都稱作「現代玫瑰」。

HT（雜交茶玫瑰 -Hybrid Tea 系統）推測應是由雜交長青玫瑰與茶玫瑰雜交而來，第一株是一八六七年出現的拉法蘭西（La France）。

Cl HT（蔓性雜交玫瑰 -Climbing Hybrid 系統）從雜交茶玫瑰系突變而成的蔓性玫瑰品種系統。

Min（迷你玫瑰 -Miniature 系統）由迷你月季突變而成、以矮生迷你月季作為母株的雜交品種系統。

Pol（多花玫瑰 -Polyantha 系統）由野玫瑰與迷你月季雜交而成的豐花月季（Ma Paquerette），作為第一號（一八七五年）。

F（豐花玫瑰 -Floribunda 系統） 由多花玫瑰系與雜交茶玫瑰系雜交而成的品種系統。

Gr（壯花玫瑰 -Grandiflora 系統）由雜交茶玫瑰系與豐花玫瑰系統雜交，於美國育成的品種系統。

※ 野生種玫瑰全為特殊系統

HMsk（雜交麝香玫瑰 -Hybrid Musk 系統）將麝香玫瑰作為母株的雜交品種系統。

HRg（雜交野生玫瑰 -Hybrid Rugosa 系統）將野生玫瑰（日文：浜茄子）以單一品種方式培育出的品種系統。

S（灌木玫瑰 -Shrub 系統）廣義來說是指半蔓性玫瑰，狹義來說則是半蔓性玫瑰中的灌木玫瑰（現代灌木玫瑰）系統。

HWick（光葉玫瑰 -Hybrid Wichuraiana 系統）光葉玫瑰（Rosa Luciae）的雜交品種系統。

CL（蔓性玫瑰 -Climbing Rose 系統）由具有攀爬特性的玫瑰經由各式各樣的雜交，以及灌木玫瑰芽變後所誕生的系統。

HBrun（野生復傘房玫瑰 - Hybrid brunonii 系統）於西方國家或是不丹、尼泊爾等處野生的復傘房玫瑰雜交品種。

P （庭院玫瑰 -Patio 系統）迷你玫瑰與中輪豐花玫瑰雜交而成的品種系統。

Story 2

# 我愛玫瑰

杯型、簇生型等獨特的綻放型態，
全身莖刺滿布、優雅地佇立著，
而且，香氣宜人……。
顯眼的花朵有時微微下彎，
偶爾又會朝向藍天華麗地綻放。
那可愛的花朵姿態魅惑著眾人、美得令人屏息。

# 一窺受到全世界喜愛的玫瑰世界

Story 2「我愛玫瑰」中會有一些類似雷杜德《玫瑰圖譜》、圖鑑風格的照片以及盛開的生態照片，由栽種玫瑰三十年資歷的作者寫下充滿「玫瑰愛」的文章，帶領大家進入奧祕的玫瑰世界。

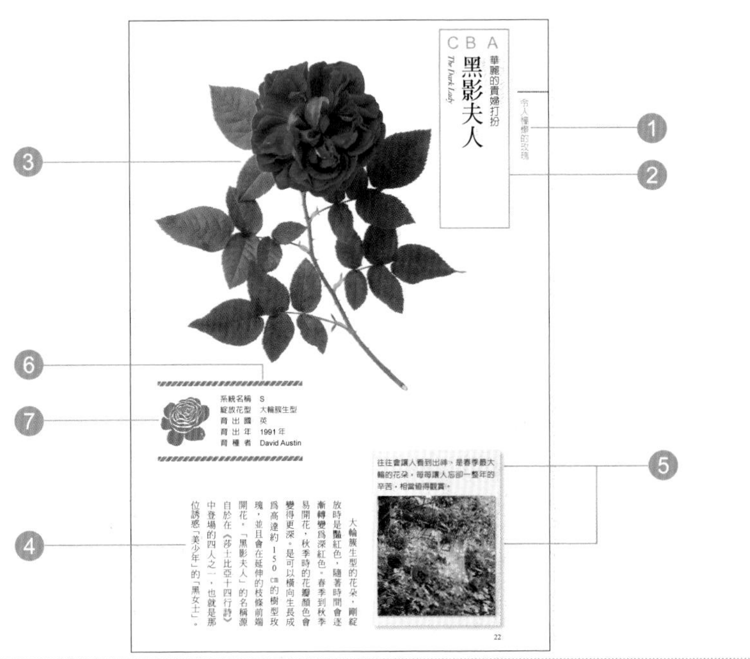

華麗的貴婦打扮

A B C

黑影夫人

The Dark Lady

令人憧憬的玫瑰

| 系統名稱 | S |
| --- | --- |
| 綻放花型 | 大輪簇生型 |
| 育出國 | 英 |
| 育出年 | 1991年 |
| 育種者 | David Austin |

大輪簇生型的花朵，剛綻放時是豔紅色，隨著時間會逐漸轉變爲深紅色。春季到秋季易開花，秋季時的花瓣顏色會變得更深。是可以橫向生長成爲高達約150cm的樹型玫瑰，並且會在延伸的枝條前端開花。「黑影夫人」的名稱源自於在《莎士比亞十四行詩》中登場的四人之一，也就是那位誘惑「美少年」的「黑女士」。

往往會讓人看到出神，是春季最大輪的花朵，每每讓人忘卻一整年的辛苦，相當值得觀賞。

22



1 **分類** 本書不同於以往的玫瑰相關書籍編排，採用作者獨特的分類方式。

令人憧憬的玫瑰　針對初學者，選出常見且美麗、容易栽種的玫瑰。

芬芳的玫瑰　玫瑰有各式各樣的香氣。在此介紹六種不同香味的玫瑰。

大馬士革香：以大馬士革玫瑰為基底的香氣，帶有濃郁、華麗感的香甜味。
果香：帶有桃子、西洋梨、蘋果、鳳梨、柑橘類等水果般的甘甜、清爽的香味。
茶香：帶有柔和、高級紅茶般的清爽香味。
辛香：帶有如辛香料般的丁香氣味。
沒藥香：帶有如繖形科的香草、甜沒藥（又名：歐洲沒藥）等茴芹般的氣味。
藍香：藍月玫瑰品種的特有香氣，彷彿混合著大馬士革香與茶香般，帶有清爽甘甜的香氣。

身邊的玫瑰　介紹一些新手也很容易在陽台等處栽種的玫瑰。

色彩繽紛的玫瑰　可藉由蔓性玫瑰特性，打造出拱門或是門柱等色彩繽紛的玫瑰。

其他還有好吃的玫瑰、作為糕點名稱的玫瑰、帶有複色的玫瑰、擁有美麗花萼的玫瑰、適合用於花藝設計的玫瑰、能期待玫瑰果功效的玫瑰等。

## ② 名稱

A: 標題：針對該玫瑰特性的說明。
B: 玫瑰的通用名稱：一般國內常用名稱。
C: 英文名：世界共通使用的名稱。

## ③ 玫瑰照片

為了讓讀者更加了解盛開時的花瓣數量以及形狀、葉片與莖刺等模樣，特別以去背方式呈現。

## ④ 故事

作者充滿「玫瑰愛」的介紹文章。不僅記錄了玫瑰的香氣與花型、培育方式，還有名稱由來以及不為人知的歷史故事等，完整呈現出令人怦然心動的重點。

## ⑤ 生態照片與解說文章

主要刊載作者自家庭院中盛開的玫瑰照片。並且彙整一些拍攝當時的簡短逸事。

## ⑥ 相關資料

系統名稱：根據系統，以英文字母標示。詳細內容請參照 P.14。
綻放花型：單瓣型、半重瓣型、杯型、簇生型、劍瓣高心型等各種玫瑰綻放花型。有些玫瑰不屬於任何一種或是有兩種花型的混合型。請參照 P.12 的解說。
育出國：培育出該玫瑰的國家名稱。以簡稱標示。
育出年：培育出該玫瑰的年分，這是玫瑰用來尋根的重要履歷資料。
育種者：培育出該玫瑰的人名，會用於商標登錄。

## ⑦ 綻放型態插圖

單瓣型

杯型

簇生型

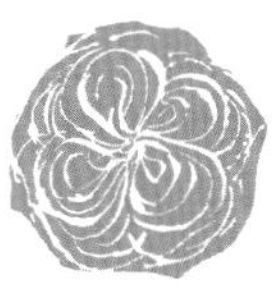
四分簇生型

半重瓣型

劍瓣高心型

波浪瓣彩球型

## 玫瑰小知識

單季開花型：僅在春季開花的玫瑰。
四季開花型：從春季到秋季都會開花的玫瑰。夏季會開得比較少。隨著地區不同，有時也會在秋末看到玫瑰花開。

衛斯理 2008
(Wisley2008)
金色邊境
(Golden Border)
夕霧(Yuugiri)

黑影夫人
(*The Dark Lady*)

摩纳哥公主
(*Princesse charlene de Monaco*)

奥利维亚·羅斯·奥斯汀
(*Olivia Rose Austin*)

香格里拉
(*Shangri-La*)

瑪麗亞泰瑞莎
(*Mariatheresia*)

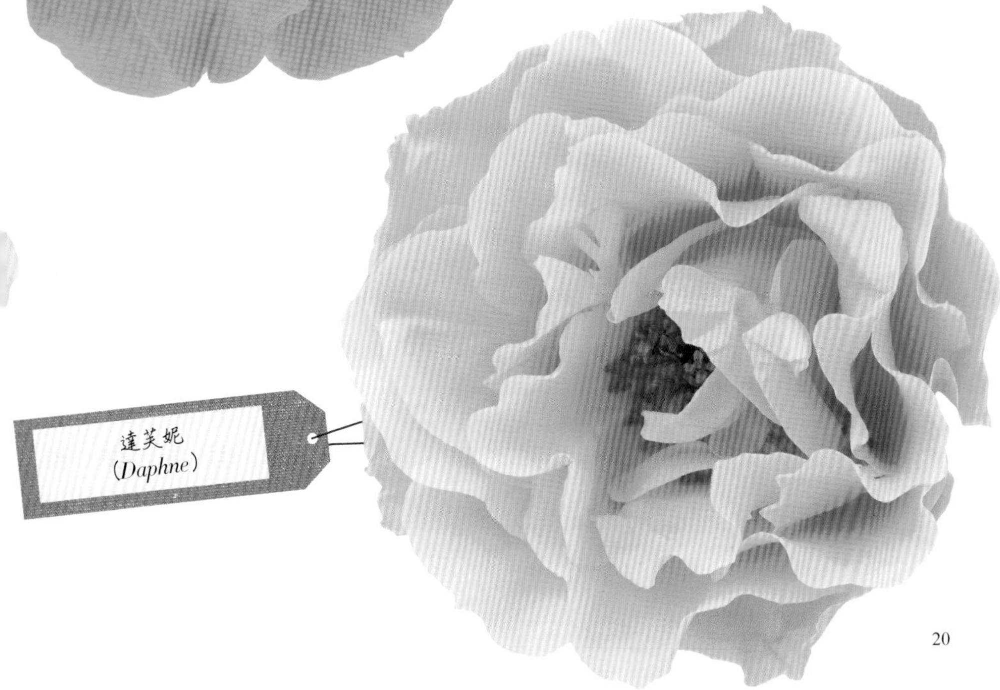

達芙妮
(*Daphne*)

雪拉莎德
(Sheherazad)
聖誕鐘聲
(Bow Bells)
黛絲德蒙娜
Desdemona

# 黑影夫人

*The Dark Lady*

華麗的貴婦打扮

系統名稱　S
綻放花型　大輪簇生型
育出國　英
育出年　1991 年
育種者　David Austin

往往會讓人看到出神、是春季最大輪的花朵，每每讓人忘卻一整年的辛苦，相當值得觀賞。

大輪簇生型的花朵，剛綻放時是豔紅色，隨著時間會逐漸轉變爲深紅色。春季到秋季易開花，秋季時的花瓣顏色會變得更深。是可以橫向生長成爲高達約 150 cm 的樹型玫瑰，並且會在延伸的枝條前端開花。「黑影夫人」的名稱源自於在《莎士比亞十四行詩》中登場的四人之一，也就是那位誘惑「美少年」的「黑女士」。

清純、高雅、美麗

# 摩納哥公主

*Princesse Charlene de Monaco*

柔嫩粉紅色帶點橘色光澤的花瓣，會慢慢轉變成淡橙紅色（鮭魚紅）。杯型的花瓣帶有較和緩的波型皺褶，雖然被歸類於HT系統，但是花型古典且華麗。會釋放出濃郁的香氣，是一種兼具質感與可愛度的美麗玫瑰，曾被獻給摩納哥王國阿爾貝二世王妃——夏琳親王妃。樹高約150㎝，半直立性樹型玫瑰，四季開花。

這款大輪、香氣宜人、清新俐落的玫瑰，容易栽種、好整理，是極具魅力的現代玫瑰。

| 系統名稱 | HT |
| --- | --- |
| 綻放花型 | 波浪瓣杯型 |
| 育出國 | 法 |
| 育出年 | 2014年 |
| 育種者 | Michèle Meilland Richardier |

# 衛斯理 2008

*Wisley2008*

彷彿被滿溢的氣質團團包圍

系統名稱 S
綻放花型 杯型～淺杯型
育出國 英
育出年 2008 年
育種者 David Austin

中輪、純淨且溫柔的淡粉紅色花朵，綻放時外側的花瓣會白到清透。初綻放時為杯型，之後會轉變為簇生淺杯型。四季開花，樹高約 150 cm，很好整理、容易修剪成為直立性灌木狀的樹型玫瑰。因源自於英國薩里郡、栽種各式各樣植物、由「英國皇家園藝協會」所擁有的「威斯利花園（RHS Garden Wisley）」而得其名。

纖細的枝條會快速向上生長，成為形狀優美的樹型玫瑰。健壯、非常好照顧，適合栽種在花圃前方。

帶有透明感的淡粉紅色花朵極具魅力

# 奧利維亞・羅斯・奧斯汀

*Olivia Rose Austin*

淡粉紅色的杯型～淺杯型花朵，某些部分貌似乙女椿（山茶花），會持續往斜上方綻放，賞花期長。樹高約1m，易開花、耐病性強，會釋放出濃郁的香氣。育種者曾表示：「這款玫瑰或許可以說是目前所有被介紹過的玫瑰當中，最佳的品種」，的確我們也能夠實際感受到。這是一款以David Austin女兒名字命名的特別玫瑰。

易開花、花期長，是花型、花色、香氣兼備的玫瑰，不論是地植或盆植都能健壯地生長。

| | |
|---|---|
| 系統名稱 | S |
| 綻放花型 | 杯型～淺杯型 |
| 育出國 | 英 |
| 育出年 | 2014年 |
| 育種者 | David Austin |

生長健壯、易於栽種

# 金色邊境

*Golden Border*

| | |
|---|---|
| 系統名稱 | F |
| 綻放花型 | 小～中輪杯型 |
| 育 出 國 | 荷蘭 |
| 育 出 年 | 1993 年 |
| 育 種 者 | Havabog |

彷彿擁擠電車般擠成一團的開花姿態相當可愛，是健壯、品質信賴度高的品種。

花色是爽朗健康的檸檬黃，一枝花莖上會開出大量的花朵，形成美麗的叢狀開花。依生長順序摘除花蕾，即可延長賞花的樂趣。直立性樹型玫瑰，樹高約1m，非常容易開花，適合放置於花圃前方或是外緣。四季開花、賞花期長、耐病性強、莖刺較少，對初學者而言是非常容易栽種的品種之一。

# 夕霧

*Yuugiri*

花頸直挺得威風凜凜

系統名稱　HT
綻放花型　劍瓣高心型
育出國　日
育出年　1987 年
育種者　鈴木省三

白底的花瓣前端帶有淡粉紅色的規則狀錦斑，白色與粉紅色交界處完美融合的模樣，相當符合「夕霧」一名。從花蕾到綻放的過程，每個畫面都讓人覺得相當唯美。樹高約120㎝，HT系統的特徵是花頸會筆直地向上延伸，並且綻放出威風凜凜的高心型花朵。如果想要尋找花色細膩的HT系統，可以考慮此品種。四季開花，秋季的粉紅花色會顯得更濃郁。

飛白花紋的花色經常吸引人們想把它帶回家。屬於與其他植物搭配起來畫面相當協調的 HT 系統。

波浪般層層疊疊、演奏著名曲

# 雪拉莎德（別名：天方夜譚）

*Sheherazad*

這款玫瑰不可思議的魅力在於白色花蕾上帶有一些玫瑰粉色以及青綠色。開花時，會綻放出彷彿微微帶有深綠色的玫瑰粉色花朵。尖尖的花瓣前端呈現波浪狀，並且帶有大馬士革的香氣。緩緩向外綻放的花瓣顏色會逐漸變化出柔嫩輕淡的色調。一株玫瑰竟然有如此戲劇性的變化，因此以天方夜譚的女主角名字來命名。

花圃中的這些玫瑰，經常讓人驚豔不已。因為一旦接受到光線，就是花色濃淡最為明顯的時候。

| | |
|---|---|
| 系統名稱 | S |
| 綻放花型 | 波浪瓣彩球型 |
| 育出國 | 日 |
| 育出年 | 2013年 |
| 育種者 | 木村卓功 |

花心可愛又清秀的玫瑰

# 黛絲德蒙娜

*Desdemona*

胭紅粉的花蕾綻放時，會緩緩開出中輪狀、胭紅淡白色的杯型花朵，再慢慢轉變為白色。以莎士比亞《奧賽羅》中，因遭逢不幸而死亡的奧賽羅妻子——黛絲德蒙娜命名。不可思議的是只要看這朵玫瑰呈現的虛幻花色就會聯想到劇中登場的人物。不過，這款玫瑰具有優異的耐病性、易開花、四季開花性也很強。

系統名稱　S
綻放花型　中輪外擴杯型
育出國　英
育出年　2015年
育種者　David Austin

初綻放時是飽滿的杯型，綻放後可以看到花蕊，兩種狀態都非常可愛且植株健壯。

漸層的花色是觀賞重點

# 達芙妮

*Daphne*

擁有優雅的大波浪瓣彩球花型，以及賞花期長的優雅橙色（鮭魚粉）花瓣，會隨著時間散發出光澤以及淡綠色澤。耐暑性佳，即使是正夏豔陽天也能健康地開花。樹高約160cm，屬於枝條會橫向擴張的樹形，適合讓其攀爬在低矮的柵欄上。以曾在希臘神話中登場、遭到阿波羅求愛而變身成月桂樹的達芙妮命名。

這款玫瑰最厲害的地方在於可以在其他玫瑰都不耐的正夏豔陽天下，連續不停地開花。

| | |
|---|---|
| 系統名稱 | S |
| 綻放花型 | 波浪瓣中輪彩球型 |
| 育出國 | 日 |
| 育出年 | 2014年 |
| 育種者 | 木村卓功 |

漸層與花姿都相當優雅

# 瑪麗亞泰瑞莎

*Mariatheresia*

| 系統名稱 | F |
|---|---|
| 綻放花型 | 中輪簇生型 |
| 育出國 | 德 |
| 育出年 | 1997 年（培育）2003 年（發表） |
| 育種者 | Hans Jürgen Evers（Tantau 發表） |

會接二連三地長出新芽、形成橫向連貫生長的良好植株。高度約 1m，相當好整理。

瑪麗．安東尼的媽媽，是眾人皆知、擁有很多孩子的瑪麗亞．泰瑞莎王后，此玫瑰係以王后的名字命名，易開花、賞花期長。德國玫瑰有很多非常強健的品種，這些玫瑰都非常健壯、容易栽培。四季開花性強，橫向生長的樹型植株上會叢狀開出花季較遲的中輪、簇生型的優雅粉紅色花朵，能夠長期享受到賞花的樂趣。

# 香格里拉

*Shangri-La*

## 讓人心情平靜、溫柔的單瓣玫瑰

| | |
|---|---|
| 系統名稱 | S |
| 綻放花型 | 波浪單瓣中輪叢開型 |
| 育出國 | 日 |
| 育出年 | 2013年 |
| 育種者 | 木村卓功 |

帶有溫暖、清新感的粉紅色花朵，一片片的花瓣會像波浪般開心地輕舞飛揚。有時候會搞不清楚它們究竟是單瓣還是重瓣，總是在記憶裡曖昧不明，仔細觀察後才發現它們的開花方式相當特別，其實是在單瓣旁多長出了一些裝飾瓣。枯萎後的殘花，若置之不理，到秋天就會長出許多圓圓的玫瑰果。是四季開花、耐病性強、具有高鑑賞價值的品種之一。

單瓣型的玫瑰總會讓人覺得和其他玫瑰不太一樣，仔細觀察後會發現它們其實是帶有「裝飾瓣」的時尚款玫瑰。

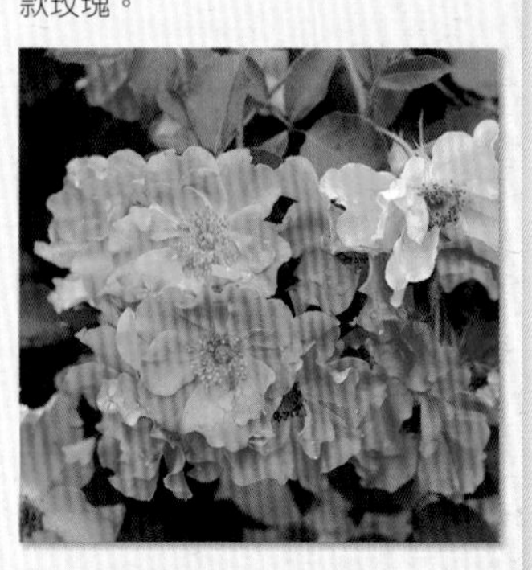

花如其名的姿態

# 聖誕鐘聲

*Bow Bells*

| | |
|---|---|
| 系統名稱 | S |
| 綻放花型 | 半重瓣杯型 |
| 育出國 | 英 |
| 育出年 | 1991 年 |
| 育種者 | David Austin |

不斷修剪枝條，又會立刻生長出來，植株的生長態勢相當驚人。圓鐘型的飽滿花朵相當可愛。

會在延伸的枝條前端，叢狀開出如圓鐘般、明亮清新的粉紅色、半重瓣杯型的花朵。四季開花性、耐病性強，樹勢成長也很旺盛，因此通常會放在花圃後方。這款玫瑰的英文命名來自於英國建築師克里斯多佛・雷恩（Christopher Wren）爵士於倫敦市中心所設計的「聖保羅大教堂（St. Paul Cathedral）」尖塔正面的「聖保羅銅鐘」。

# 從瑪麗玫瑰開始的兩大芽變

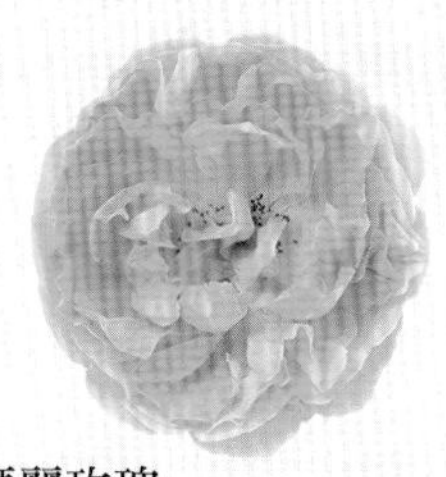

**瑪麗玫瑰**
*Mary Rose*
| 系統名稱 | S
| 綻放花型 | 簇生型
| 育出國 | 英 | 育出年 |1983 年
| 育種者 | David Austin

**雷杜德**
*Redouté*
| 系統名稱 | S
| 綻放花型 | 簇生型
| 育出國 | 英 | 育出年 |1992 年
| 育種者 |David Austin

**溫徹斯特大教堂**
*Winchester Cathedral*
| 系統名稱 | S
| 綻放花型 | 簇生型
| 育出國 | 英 | 育出年 |1988 年
| 育種者 | David Austin

所謂芽變是指在原有品種的枝條上長出其他品種的枝條，並且開出與原本品種不同的花。例如：英國玫瑰中的「瑪麗玫瑰（命名源自於歷經四百多年才被打撈上岸的亨利八世軍艦名稱）」，會緩緩開出豐輪簇生型的玫瑰粉色花朵。但是，經芽變成爲「溫徹斯特大教堂（命名源自於西元六四二年創建的溫徹斯特大教堂）」，花蕾爲紅色並且帶有薄透胭紅粉色，之後會綻放出白色簇生型花朵。「瑪麗玫瑰」還有另一種芽變品種，叫做「雷杜德」（以繪出《玫瑰圖譜》及《美花選》的法國宮廷畫家皮埃爾・約瑟夫・雷杜德命名的玫瑰），帶有清淡的胭紅粉色，開花後則幾乎呈現白色。

# 凡爾賽玫瑰

育種者皆為法國 Meilland 公司

**安德烈・葛蘭迪**
*André Grandier*

沿著花瓣邊緣，顏色變得越來越淡的優雅黃色玫瑰。

| 系統名稱 | HT | 綻放花型 | 圓瓣平開型 | 育出國 | 法 | 育出年 | 2011 年

**凡爾賽玫瑰**
*La Rose de Versailles*

鮮紅的花瓣彷彿天鵝絨般柔順，象徵著凡爾賽玫瑰的形象。

| 系統名稱 | HT | 綻放花型 | 劍瓣高心型 | 育出國 | 法 | 育出年 | 2012 年

**歐思嘉**
*Oscar François*

純白劍瓣的花朵凜然地開在枝頭，顯露出歐思嘉的高貴氣質。

| 系統名稱 | HT | 綻放花型 | 劍瓣高心型 | 育出國 | 法 | 育出年 | 2004 年

**瑪麗·安東尼王妃**
*La Reine Marie-Antoinette*

可以完全感受到王妃所具有的氣質，以及其優雅、可愛。

| 系統名稱 | HT | 綻放花型 | 波浪圓瓣環抱型 | 育出國 | 法 | 育出年 | 2011 年

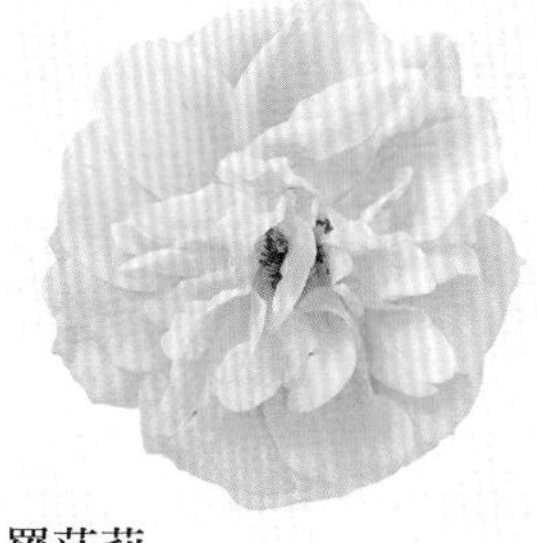

**菲爾遜**
*Hans Axel von Fersen*

| 系統名稱 | FI | 綻放花型 | 波浪瓣高心型～平開型 | 育出國 | 法 | 育出年 | 2009 年

**羅莎莉**
*Rosalie Lamorlière*

可愛又惹人憐愛，和內心堅強的羅莎莉形象相當符合。

| 系統名稱 | FI | 綻放花型 | 簇生型 | 育出國 | 法 | 育出年 | 2014 年

一九七二年起少女雜誌《周刊Margaret》開始連載日本漫畫家池田理代子的原著漫畫《凡爾賽玫瑰》，該作品背景是以法國大革命的凡爾賽宮爲舞台，擄獲不少粉絲的芳心。內容考據瑪麗・安東妮的生涯史實，是從公主故事開始，一路堅強活下去直到被送上斷頭台，最後結束其虛幻一生的故事。具有強烈赤子之心、男裝打扮的美人奥斯卡出場後與登場人物之間的故事發展也很精采。後來，該故事亦曾在寶塚歌劇團中公開演出。法國Meilland公司與日本京成玫瑰園合作呈現漫畫中人物所代表的玫瑰，並於二〇一二年五月十一日的「第十四屆國際玫瑰&園藝展」中發表。日本京成玫瑰園中搭建了《凡爾賽玫瑰》的露台造景，種植著《凡爾賽玫瑰》系列的玫瑰。

留名青史的香氣

# 突厥玫瑰（別名：大馬士革玫瑰）

*Rosa damascena*

| | |
|---|---|
| 系統名稱 | D |
| 綻放花型 | 全開簇生型 |
| 育出國 | 不明 |
| 育出年 | 1768 年發表 |
| 育種者 | 不明 |

每當此款玫瑰開花，香味總是會隨風飄散、通知眾人。仔細一看才發現它們已經悄悄開花了。

西元前四八四年左右，古希臘作家希羅多德的歷史書中記載著「凌駕於一切的芳香」，很可能就是玫瑰，當時是從敘利亞首都大馬士革傳到歐洲，故以此命名。濃郁的大馬士革香氣經常製作成精油、玫瑰花水等香氛原料，並且栽種於保加利亞、土耳其、法國、摩洛哥等地。別稱 Summer Damasks。秋季會反覆綻放的品種稱作 All-time Damasks。

貌似蘭花的姿態

# 蘭花玫瑰

*Orchid Romance*

大馬士革的香氣中混有柑橘與辛香料的強烈香氣，具有能對抗近年來全球暖化問題的耐暑性，再加上耐病性強，是非常容易栽種、四季開花的美麗玫瑰之一。花型是完整的杯型～簇生型，樹高約1m，樹形小而圓整、易於整理，也適合做為盆植。具有多花性，且會如蘭花般並排開出中輪花朵。

非常容易栽培，卻能綻放出這般美麗的花朵，而且擁有非常美好的香氣…實在是非常感謝近來的育種技術。

| | |
|---|---|
| 系統名稱 | F |
| 綻放花型 | 中輪杯型～簇生型 |
| 育出國 | 法 |
| 育出年 | 2011年 |
| 育種者 | Meilland公司 |

冠有功成名就詩人之名的玫瑰

# 威廉莎士比亞

*William Shakespeare 2000*

冠有英國劇作家、詩人威廉莎士比亞（一五六四～一六一六年）之名的玫瑰。英國玫瑰往往是以莎士比亞作品中登場的人物命名，其中具有濃郁大馬士革香氣、大輪四季開花的緋紅色玫瑰最有獨特的存在感。一九八七年培育出的同名玫瑰擁有深綠色的葉子，加上耐病性佳，已重新上市販售。

花冠的重量會讓枝頭往下垂，完全呈現出古典玫瑰的姿態。秋季也會開花，讓人相當欣喜。

| 系統名稱 | S |
|---|---|
| 綻放花型 | 大輪簇生型 |
| 育出國 | 英 |
| 育出年 | 2000 年 |
| 育種者 | David Austin |

# 海倫

*Helen*

優雅又惹人憐愛的簇生型玫瑰

| 系統名稱 | S |
|---|---|
| 綻放花型 | 中輪簇生型 |
| 育出國 | 日 |
| 育出年 | 2016 年 |
| 育種者 | 木村卓功 |

帶有純粹感的清純淡粉紅色、中輪簇生型、單枝開花，呈現出美麗又優雅的神情，越向外側的花瓣顏色越白。混合著大馬士革香、果香以及茶香，會散發出一種讓人非常舒服的香氣。具有優異的耐病性，枝條柔軟且容易整理。命名來自於引發特洛伊戰爭的特洛伊王子帕里斯想要掠奪被視爲絕世美女的希臘斯巴達王妃海倫。

世上雖然有各式各樣的粉紅色玫瑰，但是沒想到竟然可以與這般優雅美麗、容易栽種的粉紅玫瑰相遇。

弗朗西斯迪布勒伊
*Francis Dubreuil*
具有強烈的大馬士革香氣，四季開花性強。秋天的花色會變得更深，增添其美豔度。| 系統名稱 | T | 綻放花型 | 中輪緩開簇生型 | 育出國 | 法 | 育出年 |1894 年 | 育種者 | Francis Dubreuil

香堡伯爵
*Comte de Chambord*
是具有強烈香氣的英國玫瑰──「葛楚德傑克爾（gertrude jekyll）」的其中一個配種來源，因會反覆開花，所以廣受歡迎。| 系統名稱 | P | 綻放花型 | 四分簇生型 | 育出國 | 法 | 育出年 |1858 年 | 育種者 | Robert & Morea

百葉玫瑰
*Rosa × Centifolia*
以「一百片（Centi）的花瓣（folia）」命名，別名：捲心玫瑰（Cabbage Rose）。| 系統名稱 | C | 綻放花型 | 大輪簇生型 | 育出國 | 不明 | 育出年 | 1753 年發表 | 育種者 | 不明

卡迪爾
*Jacques Cartier*
花頸短、樹形約 1m、反覆開花性強的古典玫瑰。以法國探險家的名字命名。 | 系統名稱 | P | 綻放花型 | 中輪杯型～四分簇生型 | 育出國 | 法 | 育出年 | 1868 年 | 育種者 | Robert & Moreau

芳純
*HohJun*
一九八六年資生堂公司所販售的噴式香水「芳純」，即是以該款玫瑰作為香料來源。| 系統名稱 | HT | 綻放花型 | 大輪半劍瓣高心型 | 育出國 | 日 | 育出年 | 1981 年 | 育種者 | 鈴木省三

阿爾地夫人
*Madame Hardy*
大馬士革香氣濃郁，是僅在春季開花的單季開花玫瑰。有機栽培出的白色花瓣、用於裝飾的花萼等，是相當有魅力的品種。| 系統名稱 | D | 綻放花型 | 四分簇生型 | 育出國 | 法 | 育出年 |1832 年 | 育種者 | Eugene Hardy

明亮有朝氣地開花、簌簌地凋落

# 遺產（別名：傳家寶）

*English Heritage*

| | |
|---|---|
| 系統名稱 | S |
| 綻放花型 | 中輪杯型 |
| 育出國 | 英 |
| 育出年 | 1984 年 |
| 育種者 | David Austin |

花莖較長，會像蔓性玫瑰般成長得非常龐大，所以必須視栽種空間狀況修剪、進行摘除側枝等管理。

粉紅中帶著杏色、具有透明感的花色相當優雅，會散發出柑橘類清爽香甜味的果香，那樣的香味往往會讓人忘卻時間、想要一直佇立在花前。凋落時，原本完整的花型會一片一片地掉落，讓人覺得是一款意志堅強、會堅持到最後的玫瑰。將其命名爲「遺產」，表達出對該款玫瑰的深切感受。

# 朦朧的茱蒂

從盛開到凋零，全都很唯美

*Jude the Obscure*

系統名稱　S
綻放花型　大輪深杯型
育出國　英
育出年　1995年
育種者　David Austin

擁有枇杷般的大型花蕾，綻放時花瓣彷彿是扎實地把花蕾環抱在內側，花瓣外側的顏色會逐漸變淡。每一種場景都美到足以留存在心底。如育種者所述，其香氣是柑橘香混雜著芭樂氣味，又帶點香甜白酒味，複雜但是讓人覺得很舒服，會讓人誤以為它是一種新鮮美味的水果。以湯瑪士・哈代於英國維多利亞時期所著《無名的裘德（Jude the Obscure）》一書的主角命名。

我家茱蒂採用標準栽培程序。花朵果然還是喜愛陽光，總是綻放得非常有精神。

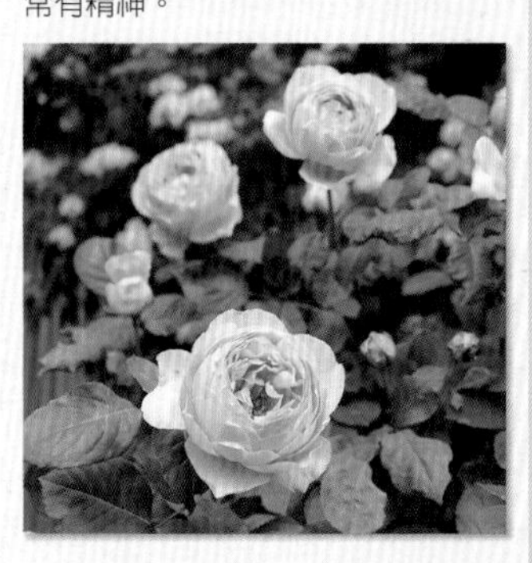

# 各種果香

**龐帕杜夫人**
*Rose Pompadour*
路易十五世的情婦龐帕杜夫人所鍾愛的龐帕杜粉（Pompadour-Pink），亦被稱之為玫瑰粉色。| 系統名稱 | S | 綻放花型 | 大輪杯型～四分簇生型 | 育出國 | 英 | 育出年 | 2009 年 | 育種者 | Arnaud Delbard

**袞比利慶典**
*Jubilee Celebration*
花瓣中混有黃色與粉紅色，花色極具魅力。是伊莉莎白女王即位五十周年的紀念玫瑰。| 系統名稱 | S | 綻放花型 | 簇生型 | 育出國 | 英 | 育出年 | 2002 年 | 育種者 | David Austin

**雙喜**
*Double Delight*
花朵中心的顏色為奶油黃色，佐以鮮豔的紅色花邊。故以「雙重喜悅」之意命名。| 系統名稱 | HT | 綻放花型 | 半劍瓣高心型 | 育出國 | 美 | 育出年 | 1977 年 | 育種者 | A.E. & A.W.Ellis、Herbert C. Swim

**夏莉法阿斯瑪**
*Sharifa Asma*
中心是優雅的粉紅色，越往外側的花色越白越淡。以阿曼蘇丹國公主的名字命名。香氣濃郁。 | 系統名稱 | S | 綻放花型 | 簇生型 | 育出國 | 英 | 育出年 | 1989 年 | 育種者 | David Austin

**波麗露**
*Bolero*
奶油色優雅地混合著些許黃色、杏色、粉紅色，最後會變幻成白色。| 系統名稱 | F | 綻放花型 | 杯型～四分簇生型 | 育出國 | 法 | 育出年 | 2004 年 | 育種者 | Meilland 公司

**眞宙**
*Masora*
四季開花性，深杯型的杏粉花色惹人憐愛，外側花瓣顏色較淡。| 系統名稱 | S | 綻放花型 | 深杯型～四分簇生型 | 育出國 | 日 | 育出年 | 2008 年 | 育種者 | 吉池貞藏

## 大輪白花是茶玫瑰的始祖

# 壯花玫瑰

*Rosa gigantea*

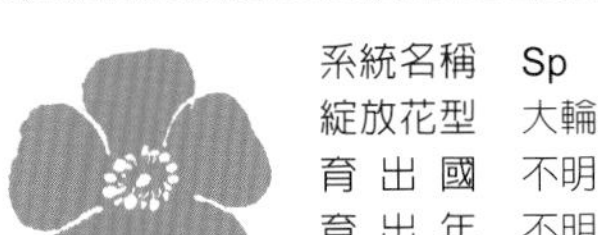

| | |
|---|---|
| 系統名稱 | Sp |
| 綻放花型 | 大輪單開型 |
| 育出國 | 不明 |
| 育出年 | 不明 |
| 育種者 | 不明 |

大型花瓣的尖端部位會稍微向後反摺。該特質持續傳承至「現代玫瑰」。

春季單季開花，會開出大輪的白色花朵，樹形具有橫向擴張生長性。花瓣前端較尖、呈劍瓣狀的性質亦傳承至「現代玫瑰」，帶有如紅茶般清爽香氣的主要成分「二甲氧基苯（Dimethoxy benzene）」特質即是來自此款玫瑰的遺傳。位於喜馬拉雅山山脈、山麓標高1000～1500m地帶的印度東北部、緬甸北部、中華人民共和國西南部（雲南省）的原產原種玫瑰，是茶玫瑰的始祖。

# 希靈登夫人

*Lady Hillingdon*

擁有饒富趣味的日本名字──金華山

| 系統名稱 | T |
|---|---|
| 綻放花型 | 中輪劍瓣型 |
| 育出國 | 英 |
| 育出年 | 1910年 |
| 育種者 | Lowe & Shawyer |

具有橫向生長特性的纖細枝條前端會開出正在俯視般、枇杷色的劍瓣花朵。其姿態有如一位端莊有家教的女性。花香聞起來彷彿像是在紅茶中加入了大量的砂糖，午後到隔日中午前的味道特別強烈。初次聞到該香氣時的感動至今都還記得非常清楚。四季開花性強、秋季開花時會因為溫差使得色調更深，相當美麗。亦適合盆植。

茶玫瑰的纖細枝條具有橫向生長的特性，垂頭向下綻放的中輪型花朵，我認為還是盆植會比較適合。

# 派特奧斯汀

*Pat Austin*

美到令人屏息的橘色品種

| | |
|---|---|
| 系統名稱 | S |
| 綻放花型 | 大輪杯型 |
| 育出國 | 英 |
| 育出年 | 1995 年 |
| 育種者 | David Austin |

大輪杯型的花瓣表面是橘色，背面是黃色。會隨著時間而逐漸帶有銅色，增添顏色濃豔深度與光澤度。還記得第一次看到此款玫瑰的介紹手冊時，那橘色帶有深銅色的花色令我相當感動。是育種者獻給妻子、一款相當棒的品種。不論放在多麼陰暗的位置，都能健壯地生長，香氣是混有些許辛香味的茶香。

容易從植株根部長出基部芽（basal shoots），是非常容易栽種的品種。花色呈現維他命色，相當美麗。

優雅的「彎曲」枝條極具魅力

# 愛莉珊德拉．肯特公主

*Princess Alexandra of Kent*

橘色混合粉紅色的花蕾盛開時，會開出帶有暖粉紅色的大輪杯型花朵。外側的花色會逐漸轉變爲清淡優雅的花色，從遠處看來相當美麗、讓人移不開目光。花朵重瓣，枝條如弓狀優雅地彎曲，即使盆植亦很容易栽種，非常健壯。是獻給目前英國伊莉莎白女王堂妹——奧格威爵士夫人雅麗珊郡主的玫瑰。

我家目前採用盆植，但是正在考慮找一天改為地植，因為想要增加開花數量，是極具魅力的一款花。

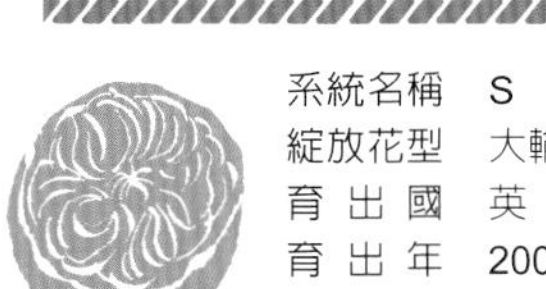

| | |
|---|---|
| 系統名稱 | S |
| 綻放花型 | 大輪杯型～簇生型 |
| 育出國 | 英 |
| 育出年 | 2007年 |
| 育種者 | David Austin |

# 野生玫瑰

*Rosa rugosa*

在日本以浜茄子、浜梨之名而廣為人知

| | |
|---|---|
| 系統名稱 | Sp |
| 綻放花型 | 中輪單開型 |
| 育出國 | 不明 |
| 育出年 | 不明 |
| 育種者 | 不明 |

分布於溫帶~寒帶的東亞地區，主要生長於日本北海道海岸、南側鳥取縣的砂地。特徵是帶有強烈刺鼻的辛香味。白花以及重瓣種會在秋季不斷開花。野生玫瑰對於全世界寒冷地區的品種改良，具有極大貢獻。維生素C含量豐富的玫瑰果，果肉厚實，可用於食用以及藥用。

枝條上密集排列著大小莖刺，直接徒手整理會讓人受傷刺痛，必須穿戴皮手套才能開始整理這款玫瑰。

引領幸福、充滿浪漫感的玫瑰

# 俏麗貝絲（別名：甸娣）

*Dainty Bess*

其中一方的配種植株確認為劍瓣高心型的奧菲莉亞（Ophelia），但是本款玫瑰的特色卻是單瓣、紅蕊。不過，的確承接了奧菲莉亞優雅的氣質，姿態相當優美。是育種者捧著向其未婚妻伊莉莎白求婚成功的玫瑰，兩人後來過著幸福美滿的生活。現在人們仍會藉由這款羅曼蒂克的玫瑰，布置出讓人看起來幸福得像一場夢的空間。

| 系統名稱 | HT |
|---|---|
| 綻放花型 | 中～大輪單開 |
| 育出國 | 英 |
| 育出年 | 1925 年 |
| 育種者 | Wm. E.B. Archer & Daughter |

屬於 HT 系統，枝條相當纖細，不會雜亂生長，是非常好整理的品種。花瓣與花蕊的組合非常相襯。

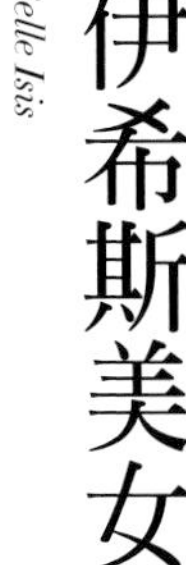

# 伊希斯美女

神話女神般的花姿

*Belle Isis*

| | |
|---|---|
| 系統名稱 | G |
| 綻放花型 | 中輪四分簇生型 |
| 育出國 | 比利時 |
| 育出年 | 1845 年左右 |
| 育種者 | Parmentier |

通透的粉紅色花瓣、乍看像是惹人憐愛的牡丹模樣，會開出四分簇生型的花朵。從雜交的其中一款英國玫瑰，也就是第一號康斯坦斯·斯普林（Constance Spry）中繼承了沒藥香（繖形科的甜沒藥〔Myrrhis odorata〕茴芹香氣）。伊希斯美女這款玫瑰，承接了許多英國玫瑰的特徵。其花名來自於埃及神話中的女神名，意思是「美麗的伊希斯」。

並非大輪款，也沒有濃豔的花色，卻是在庭院裡相當具有存在感的一款花，會嬌弱可愛地開在樹形圓整且纖細的枝條上。

# 各種沒藥香

## 安蓓姬
*Ambridge Rose*

以英國 BBC 廣播電台一檔長青節目中搭建的虛擬街道——「Ambridge」命名。|系統名稱|S|綻放花型|杯型～簇生型|育出國|英|育出年|1990 年育出|育種者|David Austin

## 艾爾郡紅
*Splendens*

由野生 Rosa Arvensis 雜交而來的沒藥香起源。|系統名稱|HArv（雜交野薔薇玫瑰 -Hybrid Arvensis 系統）|綻放花型|中輪外擴杯型|育出國|英|育出年|1837 年以前|育種者|雜交種

## 聖賽西莉亞
*St.Cecilia*

具有強烈的沒藥香、四季開花性，圓整的花朵會向上綻放，是樹形很好整理的品種。|系統名稱|S|綻放花型|大輪深杯型|育出國|英|育出年|1987 年|育種者|David Austin

## 權杖之島
*Scepter'd Isle*

會叢狀開出中輪、粉紅色的花朵，能夠從外擴的杯型看到中間的花蕊，四季開花性強且健壯。|系統名稱|S|綻放花型|中輪外擴杯型|育出國|英|育出年|1996 年|育種者|David Austin

## 泰摩拉
*Tamora*

鮮豔的奶油杏色花朵，四季開花。樹形直立、圓整。|系統名稱|S|綻放花型|大輪杯型|育出國|英|育出年|1983 年|育種者|David Austin

## 芭思希芭
*Bathsheba*

樹形為強健的蔓性玫瑰。花朵為杏黃色，外側花瓣會逐漸轉白。具有四季開花性。|系統名稱|S|綻放花型|簇生型|育出國|英|育出年|2016 年|育種者|David Austin

## 最受人喜愛的藍玫瑰

# 藍月

*Blue Moon*

所謂藍香，是大馬士革香混合著茶香所產生出的一種甘甜清爽香氣，這款玫瑰簡直就是藍香的代表。美麗的花型加上濃郁的藍香、樹勢強壯易於栽培，這款玫瑰育出後又出現了各種藍玫瑰，然而，「藍月」仍是迄今最受人們稱讚的一款人氣玫瑰。雖然名稱帶有藍色，其實應該算是優雅的薰衣草紫色。

| | |
|---|---|
| 系統名稱 | HT |
| 綻放花型 | 半劍瓣高心型 |
| 育出國 | 德 |
| 育出年 | 1964年 |
| 育種者 | Mathias Tantau.Jr |

冬夏的枝條修剪必須考量會不斷向上生長的樹形高度，修剪工作相當重要。

飄散著成熟優雅氣質

# 藍河

*Blue River*

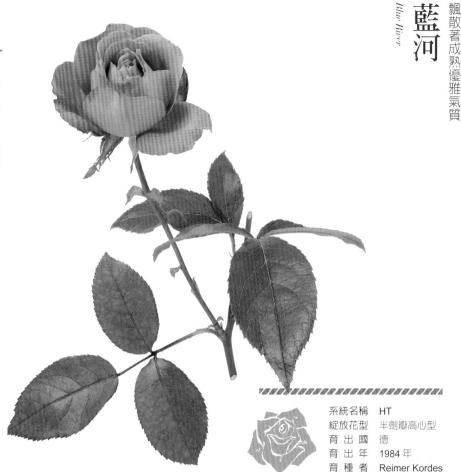

| | |
|---|---|
| 系統名稱 | HT |
| 綻放花型 | 半劍瓣高心型 |
| 育出國 | 德 |
| 育出年 | 1984 年 |
| 育種者 | Reimer Kordes |

有一半的雜交品種來自藍月，同時也繼承了藍香的特徵。花色會從薰衣草紫開始，逐漸往花瓣邊緣加深至鮮紅色，最後綻放出整體帶有紅色調的鮮豔花朵。有時可以看到黃色花蕊。此外，深色的葉子與花色非常相襯，整體讓人感覺相當沉靜。在藍色玫瑰當中算是相當強健的玫瑰，讓人們更加信賴 Kordes 育種的玫瑰。

樹高約 1.2m，在 HT 系統中算是很好整理的高度。

# 各種藍香

## 貝娜當娜
*Bella Donna*

義大利文中「美麗的女性」的意思。曾被獻給女星梅莉·史翠普，混雜著一點辛香。| 系統名稱 | S | 綻放花型 | 劍瓣高心型 | 育出國 | 日 | 育出年 | 2010 年 | 育種者 | 岩下篤也

## 日本藍色妖姬
*Ondina*

因為花色是帶有銀色的藤紫色，發表當時即備受矚目，現在仍因為其美貌而引人注目。中香，適合盆植。| 系統名稱 | F | 綻放花型 | 半簇生型 | 育出國 | 日 | 育出年 | 1986 年 | 育種者 | 小林森治

## 藍絲帶
*Blue Ribbon*

帶有清爽的藍香，花頸纖細優雅。耐病性強，是易於栽種的藍玫瑰之一。

| 系統名稱 | HT | 綻放花型 | 半劍瓣高心型 | 育出國 | 美 | 育出年 | 1984 年 | 育種者 | Christensen

## 甜月
*Sweet Moon*

花色是洗鍊且清爽的淡薰衣草色，劍瓣高心型的花朵會以叢狀綻放。

| 系統名稱 | F | 綻放花型 | 劍瓣高心型 | 育出國 | 日 | 育出年 | 2001 年 | 育種者 | 寺西菊雄

## 爽
*Sou*

呈波浪狀綻放的藍玫瑰，給人清爽的形象。是以演員——三上真史為形象命名的玫瑰。| 系統名稱 | HT | 綻放花型 | 波浪瓣彩球型 | 育出國 | 日 | 育出年 | 2017 年 | 育種者 | 河本純子

## 衣香
*Kinuka*

以花藝設計師——阿竹衣香為形象命名，混雜著大馬士革香，帶有華麗又清爽的香氣。| 系統名稱 | F | 綻放花型 | 緩開杯型 | 育出國 | 日 | 育出年 | 2015 年 | 育種者 | 安田祐司

column

1

# 玫瑰色，究竟是指什麼顏色？

所謂的玫瑰色，各位認爲是指什麼顏色呢？詢問很多人後發現，有些人會回答淡雅的粉紅色，並且認定就是英國玫瑰——「埃格蘭泰恩（Eglantyne）」般的顏色。此外，有些人則認爲只有大紅才算是眞正的玫瑰色。

大家所描繪出的玫瑰色應該是混雜了目前爲止自己與玫瑰的距離、與玫瑰相處的歷程、各種人生經驗，以及當下心中印象的答案吧！

我自己在腦海中描繪玫瑰色時，不知道爲何總是會浮現出「伊芙琳（Evelyn）」這款玫瑰。

剛開始綻放時是大輪杯型，接著轉變爲四分簇生型～淺杯型，外側花瓣顏色會漸淡，中間具有光澤的衆多花瓣中混合了杏色、橘色、黃色、白色、粉紅色，一個集合體中絕對不止單一顏色，若有似無地分別散發出光芒，呈現出不可思議的色調。在高低溫差較大的秋季更添魅力，並且又帶有令人驚豔的香氣，往往讓人忘卻時間流逝。

在這款玫瑰面前我瞬間感受到了何謂唯美。可能是想要找回那瞬間的思緒，我總會在腦海中描繪出「伊芙琳」。對我來說，玫瑰色就是透過「伊芙琳」看到的唯美瞬間。

「伊芙琳（Evelyn）」是香水製造公司——「瑰珀翠（Crabtree & Evelyn）」的代表玫瑰，具有強香（果香）。|系統名稱|S|綻放花型|簇生型|育出國|英|育出年|1991年|育種者|David Austin

安東尼瑪麗
(Mme Antoine Mari)
安娜奧利佛
(Anna Olivier)
施密特花卉
(Blumenschmidt)
克羅克斯玫瑰
(Crocus Rose)

女僕馬里昂
(*Maid Marion*)

菲利斯彼得
(*Phyllis Bide*)

粉色向亞琛致意
(*Pink Gruss an Aachen*)

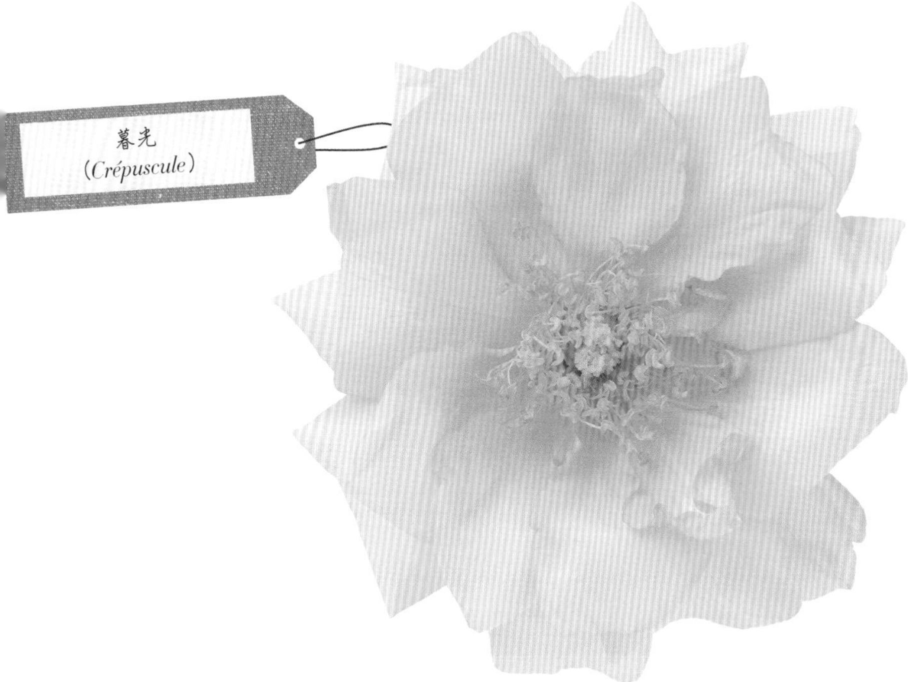

暮光
(*Crépuscule*)

英式優雅（*English Elegance*，
別稱 *Autumn Leaves*）

保羅的喜馬拉雅麝香玫瑰
（*Paul's Himalayan Musk*）

平陽玫瑰
（*Maikwai*）

# 安東尼瑪麗

*Mme.Antoine Mari*

蘊含著光澤、楚楚可人的魅力

系統名稱　T
綻放花型　中輪半劍瓣高心型
育 出 國　法
育 出 年　1901 年
育 種 者　Antoine Mari

茶玫瑰整體都是纖細的枝條，修剪時稍微留下一些枝條感覺也不錯。

柔軟延伸的纖細枝條上，綻放著優雅俯視般的花朵，那樣的姿態彷彿是多位謹慎謙虛的優雅女士。外側的花瓣是深粉紅色，中心則是淡色漸層，蘊含著光澤的花色相當楚楚可人。秋季時的花朵更顯濃淡差異，有著無法描述的美麗。樹形橫向擴張，作為盆植會比較好管理。是讓我領教到茶玫瑰魅力的一款玫瑰。

采女，帶有復古的花姿

# 安娜奧利佛

*Anna Olivier*

帶有光澤感的杏橘色花蕾相當唯美，淡杏色的花色搭配相當絕妙。明治時期進入日本時，稱作「采女」。「采女」是指在宮廷內照顧皇帝、皇后用膳，容姿端正、地方豪族以上的臣民女兒。確實是美如其名的茶玫瑰。這款玫瑰會比一般秋季開花品種的花色濃淡更為鮮明，並且散發出光澤感。

這款品種必須注意不宜過度修剪。只要稍微整理內側的細小枝條即可。

| | |
|---|---|
| 系統名稱 | T |
| 綻放花型 | 中輪半劍瓣高心型 |
| 育出國 | 法 |
| 育出年 | 1872 年 |
| 育種者 | Jean-Claude Ducher |

# 施密特花卉

## 會從粉紅色轉變為檸檬黃色

*Blumenschmidt*

| | |
|---|---|
| 系統名稱 | T |
| 綻放花型 | 劍瓣型～簇生型 |
| 育出國 | 德 |
| 育出年 | 1906 年 |
| 育種者 | Hermann Kiese |

擁有粉紅色花蕾，開花時最外側的花瓣還會殘留一些粉紅色，然後逐漸從中綻放出檸檬黃色的花瓣。美麗的劍瓣呈現鮮嫩的簇生狀，維持著鑽石般的花型。是擁有淡雅杏粉色美麗花朵——「Mlle,Franziska Krüger」（T系統）的芽變，同樣具有會在延伸的纖細枝條前端開花的性質。

由於花頸沒有向上，所以可以用盆植的方式，移動至容易看到花朵的位置。

# 加百列

*Gabriel*

具有清晰且香甜清爽的香氣

| | |
|---|---|
| 系統名稱 | F |
| 綻放花型 | 波浪瓣彩球型 |
| 育出國 | 日 |
| 育出年 | 2008 年 |
| 育種者 | 河本純子 |

若誤認為多花玫瑰（Floribunda）而進行強修剪，恐會使植株突然失去精神。注意必須採用弱修剪。

擁有薄透淡紫又帶點白色的花瓣，花瓣外側有時可以看到一、兩條綠色青筋，給人一種清白且品質高尚的印象。交織出的香甜清爽氣味，讓人感到相當舒服，即使在多款玫瑰當中，只要看上一眼就能被這款玫瑰所吸引。經常讓人看到出神，是極具魅力的品種。爲了維持樹勢，重點是要經常在植株旁適當澆水或是施肥，進行些許修剪。盆植有助於好好呵護栽培。

春秋的樣貌不同也是一項重點

# 粉色向亞琛致意

*Pink Gruss an Aachen*

| | |
|---|---|
| 系統名稱 | F |
| 綻放花型 | 簇生型 |
| 育出國 | 荷蘭 |
| 育出年 | 1929 年 |
| 育種者 | R. Kluis |

原本認爲是中國玫瑰的「艾琳瓦特（Irène Watts）」品種，後經英國皇家玫瑰協會判定與帶有淡黃花色的「Gruss an Aachen」芽變「Pink Gruss an Aachen」同種。杏色帶有輕柔粉色的花朵，呈現出優雅的氛圍，樹形圓整且易於整理，是很容易栽培的品種。能夠在春季與秋季欣賞到不同型態的花朵。

1m 左右，是很容易管理的植株高度。會綻放出看起來蓬鬆且優雅的花朵。開花期需要大量給水。

連凋謝散落都很美麗

# 女僕馬里昂

*Maid Marion*

原本是乾淨的粉紅色，綻放時花瓣邊緣會變白，呈現出相當優雅的美麗花色。花型方面，最初是花瓣向內彎的淺杯型，可以直接看到花心，接著再慢慢變成簇生型，是到凋謝為止狀態都很美麗的一款玫瑰。以住在雪伍德森林（Sherwood Forest）的羅賓漢戀人命名。大馬士革香混雜著果香、沒藥香，香氣也非常迷人。

| | |
|---|---|
| 系統名稱 | S |
| 綻放花型 | 淺杯型～簇生型 |
| 育出國 | 英 |
| 育出年 | 2010 年 |
| 育種者 | David Austin |

圓整的樹形上，一整年都綻放著大輪且香氣迷人的花朵。適合盆植或是種植於花圃前方。

稍微向下綻放，在女性之間相當受到歡迎

# 牧神（又稱巴薩諾瓦，Bossa Nova）

*The Faun*

系統名稱　S
綻放花型　中輪簇生型
育出國　丹麥
育出年　1991年
育種者　L.Pernille Olesen. / Mogens N.Olesen .

整理枝條、修剪時留下細枝，會比較容易開花。枝條會向下垂，較適合用於盆植。

繼承其中一配種來源——「仙女玫瑰（The Fairy）」的特徵，樹形橫向擴張，呈現分枝較多的扇型。會綻放出中輪簇生型、帶有溫暖的淡粉紅色花朵。彷彿俯視般，會開出大量的花朵，垂枝讓整體植株呈現出柔軟、優雅的氛圍。那種被溫柔環抱般的氛圍，在女性朋友間享有高度人氣。適合進行標準栽培程序。別名：My Granny、Granny。

# 克里斯蒂娜

*Christiana*

秋季會再度開花，不容錯過

| | |
|---|---|
| 系統名稱 | Cl |
| 綻放花型 | 深杯型 |
| 育出國 | 德 |
| 育出年 | 2013年 |
| 育種者 | Tim Hermann Kordes |

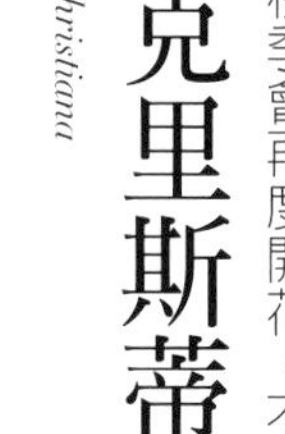

豐滿的杯型花朵，中心為淺紫粉紅色（丁香粉紅），周圍呈現純白色，光是這樣就已經非常具有魅力，亦是一款可以享受到美好果香的玫瑰。可以藉由採用強修剪、盆植的方式，樹形圓整、易於管理，亦可運用其攀爬的性質，開出大輪的球狀花朵。秋季會再度開花，是蔓性玫瑰當中的重要品種。

栽種第一年的樹勢相當穩定，到了第二～三年左右會稍微往上生長，呈現出一種蔓性玫瑰的感覺。

具有會讓人受到魅惑而忍不住駐足欣賞的清新氣質

# 克羅克斯玫瑰

*Crocus Rose*

優雅的杏色花朵，綻放初期呈現杯型，會慢慢綻放成簇生型，外側花色爲淡白色，僅中央留有一些杏色。會讓人覺得是相當拘謹的花，但是反而因此經常深植於人心。具有反覆開花特性，容易綻放在婀娜多姿的枝條上，是樹勢良好、容易栽種的品種。可以做爲欣賞用的小型植栽。帶有清爽的茶香。

| | |
|---|---|
| 系統名稱 | S |
| 綻放花型 | 大輪簇生型 |
| 育出國 | 英 |
| 育出年 | 2000 年 |
| 育種者 | David Austin |

花朵會開在灌木樹型的弓狀枝條前端。因為植株相當龐大，所以我家是種在花圃後方。

最後會如菊花般開出筒狀花朵

# 菲利斯彼得

*Phyllis Bide*

小巧的橘色花蕾綻放後，隨風搖曳的中輪輕盈花瓣，會隨著時間而向後翻開，模樣類似菊花的筒狀開花。此外，奶油色帶一點粉紅色，或是橙紅色（鮭魚紅）與黃色混合的複色會慢慢褪色。這款帶有纖細且溫暖氛圍的玫瑰健壯、易開花、賞花期長，具有四季開花的特性。配種的其中一方來自中央為黃色又帶有紅色的單重堅韌蔓性玫瑰——「雞尾酒（Cocktail）」

| 系統名稱 | ClPol |
| --- | --- |
| 綻放花型 | 中輪半重瓣型～筒狀開花 |
| 育出國 | 英 |
| 育出年 | 1923 年 |
| 育種者 | S.Bide &Sons,Ltd. |

枝條相當茂密，會長出很多小枝條。進行整枝時，只需留下必要的枝條，花朵即可把枝條覆蓋住。

# 暮光

*Crépuscule*

此款玫瑰的法語名稱帶有黃昏的意思

| | |
|---|---|
| 系統名稱 | N |
| 綻放花型 | 中輪半重瓣型 |
| 育出國 | 法 |
| 育出年 | 1904 年 |
| 育種者 | Francis Dubreuil |

比起縱向，是比較適合橫向擴張生長樹形的品種。具有優異的連續開花性、耐暑性、耐寒性。

深綠色的葉子與諾塞特玫瑰（Noisette）系統獨有的光澤，及具有濃淡層次、細膩的橘色花色非常相襯。我認爲適合使用「黃昏」一名。枝條橫向生長，可以將其誘引攀附在柵欄或矮樹籬笆上。耐病性強，是非常堅強，容易培育的品種。易開花、耐暑性強，即使正值夏天也會有精神地綻放出比春季略小的花朵。春季長出的紅褐色葉子與新芽都非常美麗。

從一朵花即可欣賞到各種風情

# 洛爾・達烏

*Laure Davoust*

| | |
|---|---|
| 系統名稱 | HMult |
| 綻放花型 | 小輪簇生型 |
| 育出國 | 法 |
| 育出年 | 1834 年 |
| 育種者 | Jean Laffay |

繼承日本野玫瑰的基因，這款玫瑰會攀爬在棚架或是拱形花架上。並且在纖細柔軟的枝條前端、細枝條上綻放出可愛的花朵。粉紅色的小輪花朵帶有淡淡的薰衣草紫，花朵雖然小卻可以看到黃綠色的花蕊，花型呈簇生狀。因爲會在不同時間點開花，也可以欣賞到褪色變白的花朵及花蕾，一朵花上可以展現出各種風情。

可愛的叢狀花朵會向下綻放，所以在我家會讓它們攀爬在棚架上。

給人如其名的優雅印象

# 英式優雅

*English Elegance*

（別名：**Autumn Leaves**）

| | |
|---|---|
| 系統名稱 | S |
| 綻放花型 | 緩開大輪簇生型 |
| 育出國 | 英 |
| 育出年 | 1986 年 |
| 育種者 | David Austin |

即使名列於英國玫瑰中，樹形仍會長得相當高大，所以通常種植在花圃後方，再將其誘引攀附在欄杆上或做成柱狀。花開得不多，但接收到陽光照耀時，會綻放出混合著杏色與粉色的美麗花色，經常讓我相當感動。是一款能讓人感受到如其名般，緩緩重疊交織出纖細玫瑰世界的優雅品種。

從下往上看，花朵剛好卡在視線高度，在我家會將其誘引成柱狀。

美到符合「五月女王」稱號

# 五月女王

*May Queen*

| | |
|---|---|
| 系統名稱 | HWich |
| 綻放花型 | 中輪簇生型 |
| 育出國 | 美 |
| 育出年 | 1898 年 |
| 育種者 | Dr. Walter Van Fleet |

基因傳承自日本光葉玫瑰（Rosa luciae），葉子光滑如楓葉。柔韌的枝條前端綻放著叢狀開花的中輪粉紅色簇生型花朵。春季單季開花，所以一整年的思慕彷彿都凝聚在五月，花姿相當美麗，與「五月女王」之名十分相襯。爲了不要在難得開花的花期落下太多花蕾，確實給予水分相當重要。

枝條從上往下呈弓狀，適合進行標準栽培程序。修剪時可以留下細枝。

# 科妮莉亞

*Cornelia*

帶有麝香香氣、濃密的葉子也非常美麗

| | |
|---|---|
| 系統名稱 | HMsk |
| 綻放花型 | 小輪半重瓣型 |
| 育出國 | 英 |
| 育出年 | 1915年 |
| 育種者 | J.pemberton |

春季的花朵會生出玫瑰果，但若希望它在秋季仍能大量開花，就必須進行摘蕾，才會開出更多的花。

帶有濃厚杏粉色的小巧花蕾綻放時，可以在花朵中心看到黃色帶有優雅杏粉色的花蕊。由於帶有野生種麝香玫瑰（Rosa moschata）的基因，因此具有刺鼻的麝香味。此外，由於具有反覆開花特性，較適合放在低矮的圍欄。植株會逐漸變大。濃密的綠葉相當優美，更能襯托出花色。

不斷延伸生長，創造出美麗的風景

# 保羅的喜馬拉雅麝香玫瑰

*Paul's Himalayan Musk*

據說是野生種復傘房玫瑰（學名：Rosa brunonii、別名：勃朗玫瑰）的幼苗。復傘房玫瑰原產於喜馬拉雅高原，所以又稱「喜馬拉雅麝香玫瑰」，這裡再加上育種者的名字。延伸力較強，可達10 m以上，細枝與莖刺較多，在管理照顧上較辛苦，但是開花時會被淡玫瑰色的花朵所覆蓋，爲我們打造出一片美麗的風景。

具有會大量生長出具延展力的小枝條性質，因此整枝與修剪相當耗費時間，但花朵綻放時，往往也最為精彩。

| 系統名稱 | HBrun |
| --- | --- |
| 綻放花型 | 小輪簇生型 |
| 育出國 | 英 |
| 育出年 | 1916年 |
| 育種者 | George Paul |

# 適合栽種於欄杆或是牆壁
# 羽衣
*Hagoromo*

| | |
|---|---|
| 系統名稱 | Cl |
| 綻放花型 | 劍瓣高心型 |
| 育出國 | 日 |
| 育出年 | 1970 年 |
| 育種者 | 鈴木省三 |

四季開花的蔓性玫瑰，花型非常美麗與完整，亦可運用於花藝設計，相當適合。

健壯的長型花莖會不斷延伸生長，開出大輪劍瓣高心型花朵。由於非常健壯，即使放在陰暗位置，也能培育得非常健康。花莖會向上延伸開花，所以比起棚架或拱形花架，更適合栽種於圍欄或牆壁。具有四季開花性，秋季也能綻放出美麗的花朵。賞花期雖然很普通，但可以在開花期間內先行剪下長形花莖，相當適合插在花瓶內欣賞。

作為甜點或是泡茶用的重要中國產玫瑰

# 平陽玫瑰

*Maikwai*

紅紫色的花朵相當美麗，帶有大馬士革混雜著辛香的強烈香氣。單季開花，其多花性且輕薄的花瓣易於乾燥、保存，是非常適合作爲甜點或是泡茶用的玫瑰。中國自古以來都將作爲藥品或是飲用的玫瑰，通稱玫瑰。所謂的玫瑰色，在中國即是指薔薇/月季色，也就是這種紅紫色。

所謂的單季開花，是指自花蕾開始從五月上旬綻放至六月為止。在中國，會把美麗的女性比擬為玫瑰。

| | |
|---|---|
| 系統名稱 | Ch |
| 綻放花型 | 緩開簇生型 |
| 育出國 | 中國 |
| 育出年 | 1957 年發表 |
| 育種者 | 不明 |

相當受到歡迎的一款可食用玫瑰

# 豐華

*Hoka*

| | |
|---|---|
| 系統名稱 | Ch |
| 綻放花型 | 中輪簇生型 |
| 育 出 國 | 中國 |
| 育 出 年 | 不明 |
| 育 種 者 | 不明 |

二〇一七年，日本首次介紹這款「食用玫瑰」後，立即受到熱烈歡迎。中國（山東省）平陰縣用心栽種食用玫瑰超過一千年以上。具有大馬士革混雜著辛香的強烈香氣、蠟質成分較少，花瓣較爲柔軟，幾乎沒有苦澀味，直接食用就很美味。單季開花，別名：平陰重瓣紅玫瑰。

照片中與「豐華」一起被介紹的是「紫枝」。是具備四季開花特性、大輪半重瓣型的「食用玫瑰」。

# 作爲糕點名稱的玫瑰

這些是外表看起來像糕點般惹人憐愛的玫瑰，以及擁有古老地名的玫瑰，有些則是會直接被當作糕點的名稱。這裡收集了一些具有人氣糕點名稱的玫瑰。

### 聖多諾黑
*Saint Honire*

帶有紫色的粉紅荷葉邊花瓣，密集聚在一起，會持續有精神地開到秋天。

| 系統名稱 | S | 綻放花型 | 中輪波浪瓣杯型 | 育出國 | 法 | 育出年 | 2016 年 | 育種者 | Delbard 公司

### 草莓馬卡龍
*Strawberry Macaron*

珍珠白帶有溫柔的漸層粉紅色、豐滿的花形相當可愛。四季開花性的圓整樹形適合用於盆植。| 系統名稱 | Patio | 綻放花型 | 中輪深杯型 | 育出國 | 日 | 育出年 | 2011 年 | 育種者 | 小川宏

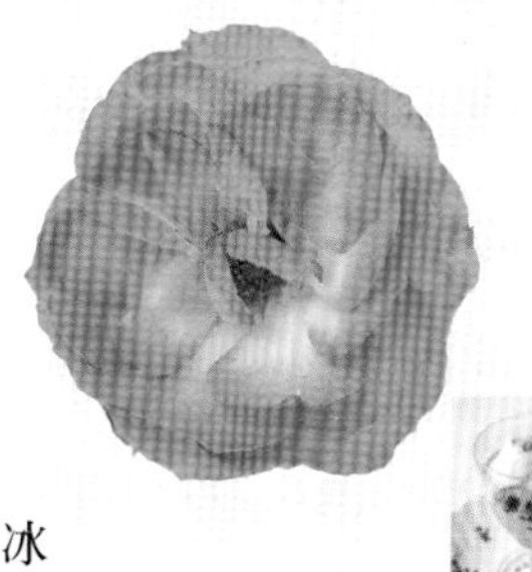

### 草莓冰
*Strawberry Ice*

白色花瓣的波浪滾邊，染上明亮的粉紅色，偶爾會出現較長的枝條，可以當作蔓性玫瑰栽培。別名：邊界玫瑰（Bordure Rose） | 系統名稱 | F | 綻放花型 | 波浪瓣環抱型～全開型 | 育出國 | 法 | 育出年 | 1971 年 | 育種者 | Delbard 公司

### 法式千層酥
*Mille-feuille*

是一款白底，卻又層層疊疊混入許多優雅粉紅色花瓣的玫瑰，彷彿像是千層派般。四季開花性，適合盆植。

| 系統名稱 | F | 綻放花型 | 簇生型 | 育出國 | 日 | 育出年 | 2013 年 | 育種者 | 河本純子

### 草莓蛋糕
*Shortcake*

花瓣表面顏色有如草莓般鮮紅，內側則是如鮮奶油般的白色花瓣，一年四季都會開出許多惹人憐愛的花朵。

| 系統名稱 | Min | 綻放花型 | 中輪圓瓣環繞型～全開型 | 育出國 | 日 | 育出年 | 1981 年 | 育種者 | 鈴木省三

### 伊斯法罕
*Ispahan*

美麗優雅的粉紅花瓣，看起來像是牡丹，僅在春季開花。是一款以伊朗（古代波斯）的觀光都市命名的玫瑰。

| 系統名稱 | D | 綻放花型 | 四分簇生型 | 育出國 | 不明 | 育出年 | 1832 年以前 | 育種者 | 不明

# 帶有複色的玫瑰

最近，淡色花瓣上帶有深粉紅、紅色線條或是複色的玫瑰，非常受到歡迎。從古老品種到新開發的品種都會出現，在此介紹幾款比較容易栽種、帶有複色的熱門款玫瑰。

**麗達**
*Léda*（別名：*Painted Damask*）
| 系統名稱 | D | 綻放花型 | 簇生型 | 育出國 | 英 | 育出年 | 1827 年以前 | 育種者 | 不明

**奧諾琳布拉邦**
*Honorine de Brabant*
| 系統名稱 | B | 綻放花型 | 杯型 | 育出國 | 不明 | 育出年 | 不明 | 育種者 | 不明

**暮色**
*Camaieux*
| 系統名稱 | G | 綻放花型 | 杯型 | 育出國 | 法 | 育出年 | 1826 年 | 育種者 | Gendron

**抓破美人臉**
*Variegata di Bologna*
| 系統名稱 | B | 綻放花型 | 杯型 | 育出國 | 義大利 | 育出年 | 1909 年 | 育種者 | Gaetano Bonfiglioli & figlio. Lodi

**馬克夏卡爾**
*Marc Chagall*
| 系統名稱 | S | 綻放花型 | 簇生型 | 育出國 | 法 | 育出年 | 2014 年 | 育種者 | Delbard 公司

**法國多色玫瑰**
（別名：曼迪玫瑰）
*Rosa gallica versicolor*
| 系統名稱 | G | 綻放花型 | 半重瓣型 | 育出國 | 不明 | 育出年 | 1581 年以前 | 育種者 | 不明

**稱讚**
*Thumbs Up*
| 系統名稱 | S | 綻放花型 | 杯型～緩開簇生型 | 育出國 | 英 | 育出年 | 2006 年 | 育種者 | Colin P,H

**克勞德莫內**
*Claude Monet*
| 系統名稱 | S | 綻放花型 | 杯型～簇生型 | 育出國 | 法 | 育出年 | 2012 年 | 育種者 | Delbard 公司

**杏桃糖果**
*Peche Bonbons*
| 系統名稱 | S | 綻放花型 | 波浪瓣大輪杯型 | 育出國 | 法 | 育出年 | 2009 年 | 育種者 | Delbard 公司

**竇加**
*Edgar Degas*
| 系統名稱 | F | 綻放花型 | 半重瓣型 | 育出國 | 法 | 育出年 | 2003 年 | 育種者 | Delbard 公司

**收音機**
*Radio*
| 系統名稱 | S | 綻放花型 | 杯型 | 育出國 | 西班牙 | 育出年 | 1937 年 | 育種者 | Pedro Dot

**水果糖**
*Berlingot*
| 系統名稱 | S | 綻放花型 | 簇生型 | 育出國 | 法 | 育出年 | 2016 年 | 育種者 | Dorieux

# 擁有美麗花萼的玫瑰

有些玫瑰連花萼都像是藝術作品，具有松脂般的香氣、被苔狀腺毛所覆蓋的花萼、具有如拿破崙帽子般形狀的花萼而被命名的玫瑰，如蕾絲般美麗的花萼等。

百葉苔蘚玫瑰
（別名：**Centifolia 'Muscosa'**）
*Common Moss*
萼片、萼筒、花莖、整朵花都覆蓋著苔蘚狀的腺毛。
|系統名稱|M|綻放花型|杯型～四分簇生型|育出國|不明|育出年|1696 年以前|育種者|不明

拿破崙的帽子
（別名：**Crested Moss**）
*Chapeau de Napoleon*
花萼看起來很像拿破崙的三角形帽子，故以此命名。
|系統名稱|C|綻放花型|杯型～四分簇生型|育出國|法|育出年|1827 年|育種者|Jean-Pierre Vibert

別墅
*La Ville de Bruxelles*
帶有蕾絲般的美麗花萼，與鮮豔美麗的花朵完美協調。|系統名稱|D|綻放花型|四分簇生型|育出國|法|育出年|1837 年以前|育種者|Jean-Pierre Vibert

羅蘭巴特夫人
*Mme de la Roche-Lambert*
開花時可以看到花蕊的紅紫色苔蘚玫瑰，帶有濃厚的大馬士革香。
|系統名稱|M|綻放花型|淺杯型|育出國|法|育出年|1851 年|育種者|Robert

繅絲花（十六夜薔薇）
*Rosa roxburghii*
盛開時有如農曆十六的月亮，缺少一部分，故以此命名。|系統名稱|Sp|綻放花型|看起來像是有部分殘缺的簇生型|育出國|中國（發現）|育出年|1823 年（發現）|育種者|不明

金櫻子（別名：大金櫻子）
*Rosa laevigata*
白色花瓣內有著黃色花蕊，會開出美麗的花朵。|系統名稱|Sp|綻放花型|大輪單瓣型|育出國|中國（發現）|育出年|不明|育種者|不明

# 適合用於花藝設計的玫瑰

容易開花的玫瑰、調性讓人愉悅的玫瑰、色調鮮豔的玫瑰、賞花期較長的玫瑰、從花蕾到凋謝爲止的變化會讓人覺得很有樂趣的玫瑰等，在此介紹一些適合栽種於庭院並且用於花藝設計的玫瑰。

巴黎
*Paris*
| 系統名稱 | S | 綻放花型 | 簇生型 | 育出國 | 日 | 育出年 | 2013 年 | 育種者 | 木村卓功

翡翠島
*Emerald Isle*
| 系統名稱 | Cl | 綻放花型 | 高心型～簇生型 | 育出國 | 英 | 育出年 | 2008 年 | 育種者 | Dickson

詹姆士高威
*James Galway*
| 系統名稱 | S | 綻放花型 | 波浪瓣四分簇生型 | 育出國 | 英 | 育出年 | 2000 年 | 育種者 | David Austin

蜻蜓
*Libellula*
| 系統名稱 | F | 綻放花型 | 波浪瓣簇生型 | 育出國 | 日 | 育出年 | 2016 年 | 育種者 | 今井清

美雅子（京）
*Miyako*
| 系統名稱 | Patio | 綻放花型 | 中輪杯型 | 育出國 | 日 | 育出年 | 2007 年 | 育種者 | Rose Farm KEIJI

夏多內
*Chardonnay*
| 系統名稱 | Patio | 綻放花型 | 中輪深杯型 | 育出國 | 日 | 育出年 | 2017 年 | 育種者 | 小川宏

完美捧花
*Bouquet Parfait*
| 系統名稱 | Cl | 綻放花型 | 小輪叢狀簇生型 | 育出國 | 比利時 | 育出年 | 1989 年 | 育種者 | Lens

**紅柯琳**
*Colline Rouge*
|系統名稱|F|綻放花型|半劍瓣～波浪瓣彩球型|育出國|日|育出年|2016年|育種者|河本純子

**伊夫伯爵**
*Yves Piaget*
|系統名稱|HT|綻放花型|大輪深杯型|育出國|法|育出年|1983年|育種者|Meilland公司

**雅**
*Miyabi*
|系統名稱|HT|綻放花型|簇生型|育出國|日|育出年|2014年|育種者|Rose Farm KEIJI

*Arrangement*

# 能期待玫瑰果功效的玫瑰

玫瑰果就是玫瑰的果實（在植物學上並非指果實，而是指花托的部位），一般來說富含維生素C、鈣質、鐵質、β-胡蘿蔔素、維生素E、膳食纖維。攝取玫瑰果後，其維生素C可以促進能讓肌膚緊實、維持彈性的膠原蛋白增生，不僅能抑制因紫外線等傷害而導致膠原蛋白減少的情形、抑制麥拉寧色素生成、促使新陳代謝活躍，亦具美白效果。此外，自古即用於中藥材。

## 粉紅玫瑰花

（別名：筑紫茨）

*Rosa multiflora adenochaeta*

直徑約1cm的玫瑰果，非常適合作為花圈等手工藝品的材料。| 系統名稱 | Sp | 綻放花型 | 小輪叢狀單瓣型 | 育出國 | 日（發現）| 育出年 | 1917年（發現）| 育種者 | 不明

## 單瓣繅絲花

（別名：刺梨）

*Rosa roxburghii normalis*

具有貌似西洋梨的氣味與香氣，中國自古以來即將其加工用作為中藥、糕點、茶等。| 系統名稱 | Sp | 綻放花型 | 中輪單瓣型 | 育出國 | 中國（發現）| 育出年 | 不明 | 育種者 | 不明

## 野生玫瑰

（別名：浜茄子、浜梨）

*Rosa rugosa*

大小約2cm，外表光滑、果肉厚實，容易處理，可作為烹調料理時的重要食材。

| 系統名稱 | Sp | 綻放花型 | 中輪單瓣型 | 育出國 | 不明 | 育出年 | 不明 | 育種者 | 不明

## 各種不同的玫瑰果

**單瓣白木香**
*Rosa banksiae normalis*

**野生種單瓣月季**
*Rosa chinensis* var. *spontanea*

**法國玫瑰（變種）**
*Rosa gallica officinalis*

**壯花玫瑰**
*Rosa gigantea*

**野薔薇**
（別名：野玫瑰）
*Rosa multiflora*

**半重瓣阿爾巴白玫瑰**
*Rosa alba semiplena*

白玫瑰之祖，最近有傳言指出就是目前已銷聲匿跡的「白薔薇（Rosa alba）」。| 系統名稱 | A | 綻放花型 | 半重瓣型 | 育出國 | 不明 | 育出年 | 不明 | 育種者 | 不明

**南美洲狗玫瑰**
（別名：狗薔薇）
*Rosa canina*

其玫瑰果，作為玫瑰果茶相當有人氣。| 系統名稱 | Sp | 綻放花型 | 小輪叢狀單瓣型 | 育出國 | 不明 | 育出年 | 不明 | 育種者 | 不明

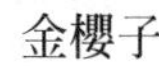

**金櫻子**
（別名：大金櫻子）
*Rosa laevigata*

帶有綠奶油色的玫瑰果，即便成熟也不會轉紅，會直接掉落。| 系統名稱 | Sp | 綻放花型 | 大輪單瓣型 | 育出國 | 不明 | 育出年 | 不明 | 育種者 | 不明

column

2

# 莖刺之美

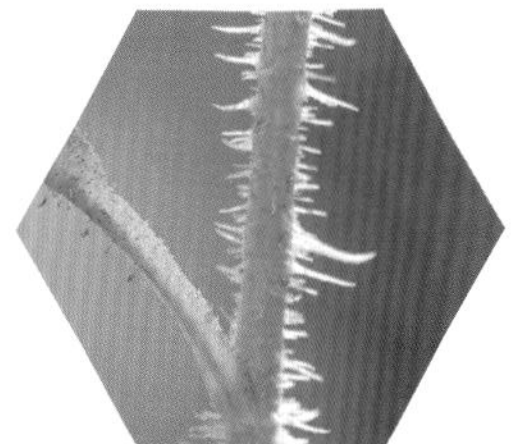

百葉苔蘚玫瑰
*Common Moss*

卡爾門塔變種玫瑰
*Rosa Glauca Carmenta*

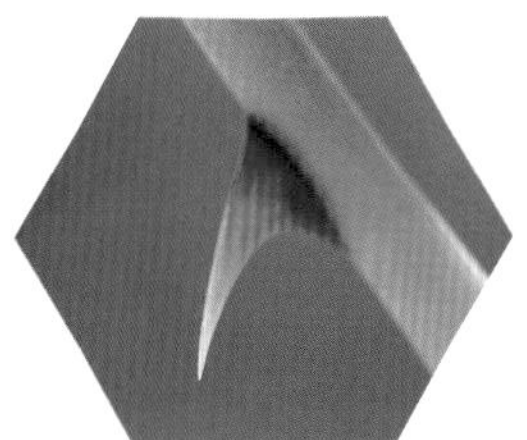

阿利斯特·斯特拉·格雷
*Alister Stella Gray*

馬麗凡赫特
*Marie Van Houtte*

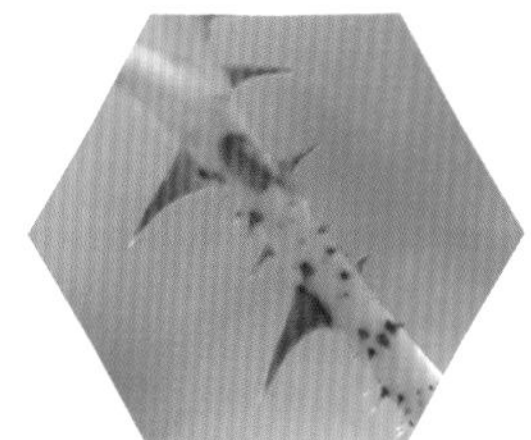

卡贊勒克
*Kazanlik*

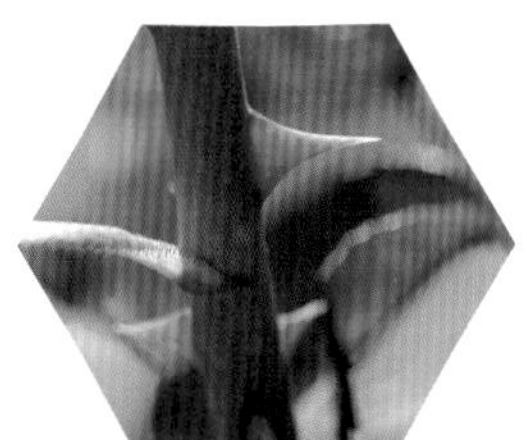

濟南玫瑰
*Ji Nang*

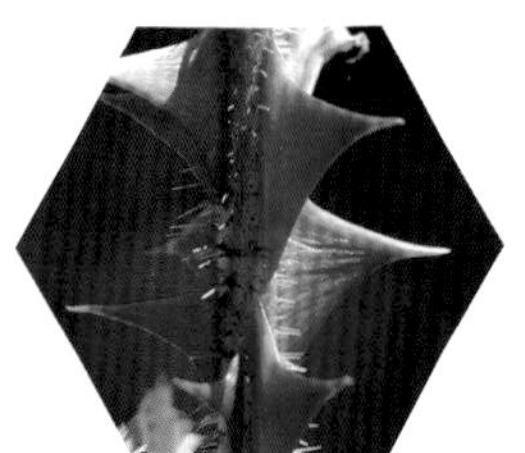

紅翼
*Red Wing*

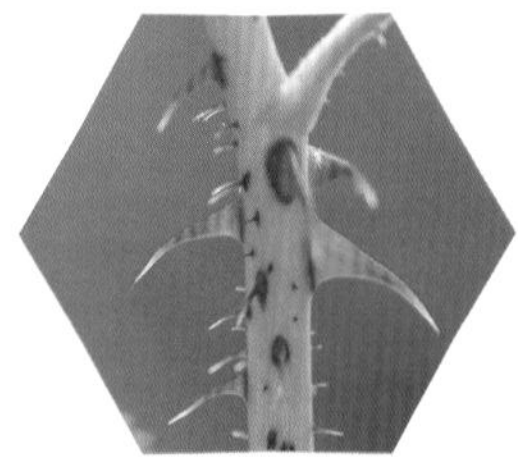

丹麥皇后玫瑰
*Queen of Denmark*

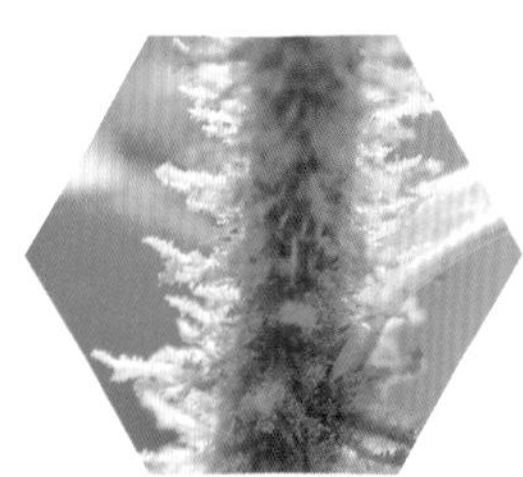

日本氣泡酒
*Mousseux du Japan*

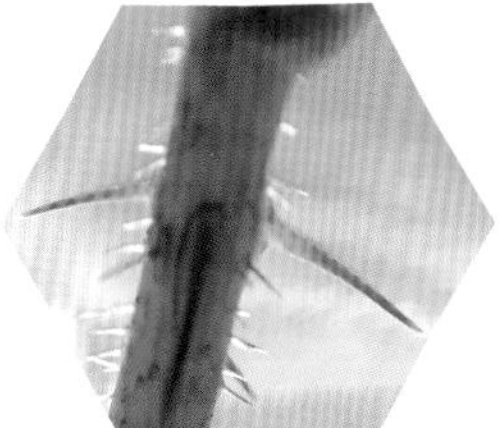

密刺玫瑰
*Rosa Spinosissima*

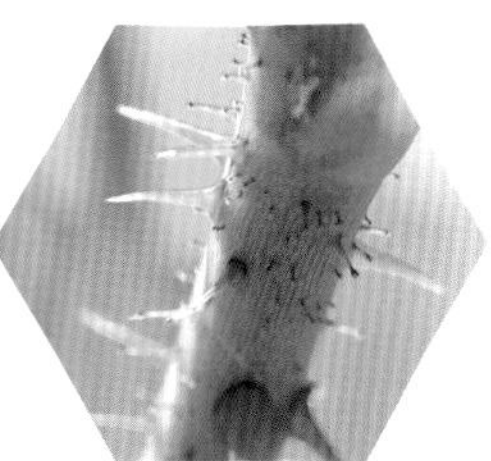

法國玫瑰
*Rosa Gallica Officinalis*

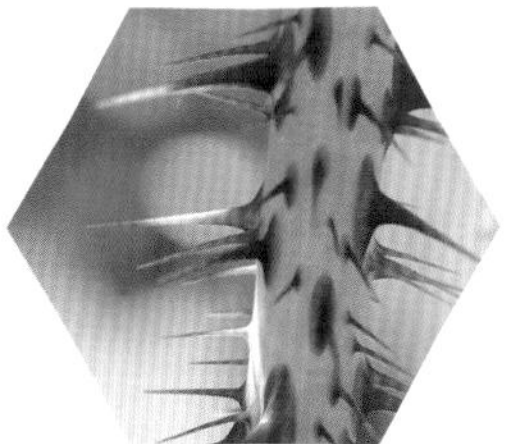

阿肯色薔薇
*Rosa Arkansana*

史坦威波特蘭
*Stanwell Perpetual*

艾爾郡紅
*Ayrshire Splendens*

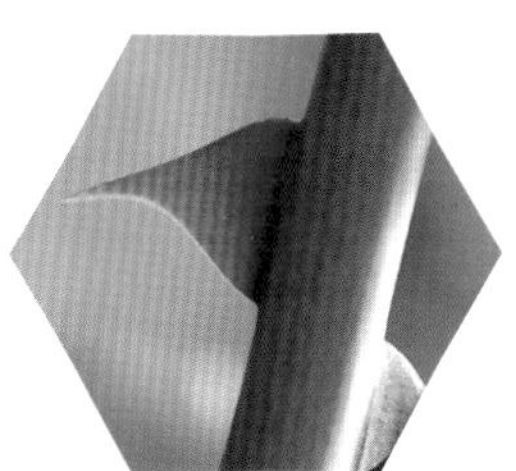

玫瑰（群芳譜）
*Rosa Ruga*

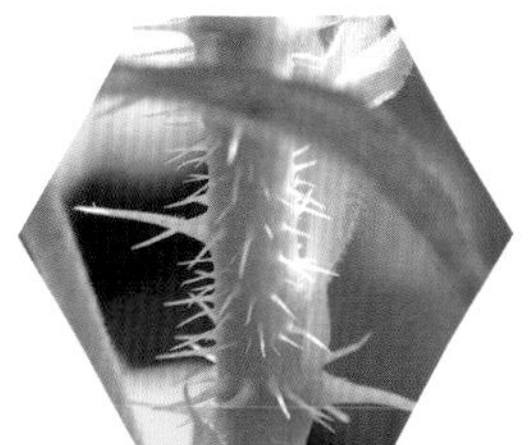

野生玫瑰
*Rosa Rugosa*

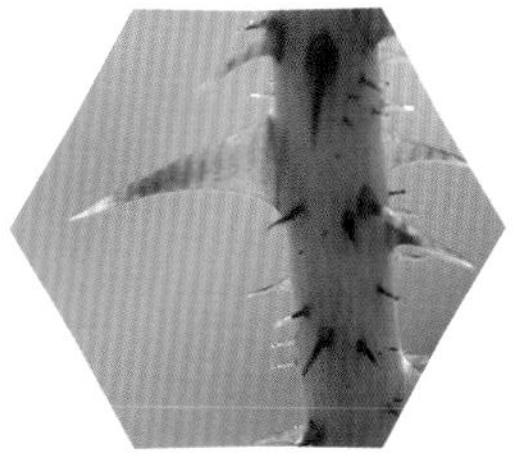

花椒玫瑰
*Rosa Hirtula*

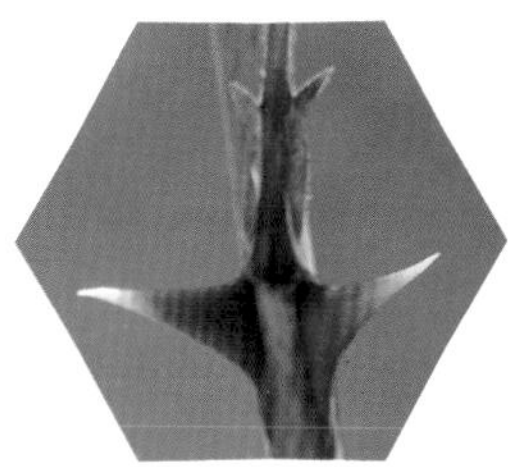

蘭卡斯泰和約克
*York and Lancaster*

column

3

# 變種的玫瑰們

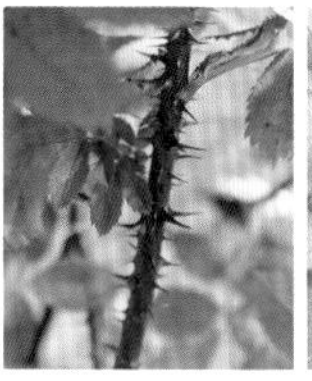

**巴賽的紫玫瑰** *Basye's purple Rose*

具有深紫帶紅的花芯，以及紅豆色的枝條。| 系統名稱 | HRg | 綻放花型 | 單開型 | 育出國 | 美 | 育出年 | 1968 年 | 育種者 | Dr. Robert E. Basye

**阿迪安蒂佛利亞** *Adiantifolia*

擁有纖細且彎曲的葉片，以及溫柔婉約模樣的白色花朵。| 系統名稱 | HRg | 綻放花型 | 七瓣平開型 | 育出國 | 不明 | 育出年 | 1907 年 | 育種者 | 不明

**阿蘭布蘭查德** *Alain blanchard*

紅紫色的花瓣搭配淡紫色的小型斑點花朵。| 系統名稱 | HGal | 綻放花型 | 半重瓣型 | 育出國 | 德 | 育出年 | 1839 年 | 育種者 | Vibert

**維索爾倫** *Verschuren*

美麗的葉子帶有斑紋 | 系統名稱 | HT | 綻放花型 | 大輪丸瓣環抱型 | 育出國 | 荷蘭 | 育出年 | 1904 年 | 育種者 | Antoni Verschuren

**史畢克的黃玫瑰（別名：金色權杖）**
*Spek's yellow*

高心狀盛開後花瓣會向後翻。| 系統名稱 | HT | 綻放花型 | 劍瓣高心型～全開型 | 育出國 | 荷蘭 | 育出年 | 1950 年 | 育種者 | Verschuren

**光葉斑紋玫瑰** *Rosa luciae variegatus*

鮮豔的葉子上帶有斑紋，會長出惹人憐愛的白花。| 系統名稱 | Sp | 綻放花型 | 小輪單開型 | 育出國 | 不明 | 育出年 | 不明 | 育種者 | 不明

Story 3

# 與玫瑰一起生活

由於非常喜愛玫瑰，因此我的生活全都是在栽培玫瑰。五月時期，想讓大家一覽花朵盛開的庭院，便邀請三五好友一起開個手工甜點、飲料的花園派對。毛巾玫瑰植物染、手工布丁等都是很適合這段時期的手作活動。熱愛玫瑰更甚時，還會增加古典花器或是盤子、玫瑰圖騰的衣物、舊書等收藏品，在在都是我享受玫瑰之旅的一大樂趣。

# 玫瑰派對

在期待許久的玫瑰季節裡，盡情享受花園派對。

賓客們似乎都很期待玫瑰季節的到來。

派對前一天，先製作備妥玫瑰糖漿。

微風輕撫的五月天，受到一整年仔細照顧的玫瑰們一齊綻放，進入最爭奇鬥豔的季節。由於希望大家都能夠盡情享受到玫瑰的香氣、顏色以及姿態，所以即便只有兩週左右的時間，每一年我都還是會選在這個季節開派對。希望能與所有期待已久的到訪者，一同愛戀玫瑰並且互相分享這分喜悅。

用玫瑰糖漿搭配汽泡水製作的迎賓飲品。

使用整套沒有玫瑰花紋的餐具（茶具）。藍色可以讓玫瑰的花色更加醒目、耀眼。粉紅色或是黃色的玫瑰都能夠與藍 & 白彼此襯托，拓展更美好的世界。

鋪上桌巾、從庭院剪下一些大飛燕草，即可完成迎賓準備。

桌面布置方面，可以運用小玻璃杯插入剛摘下來的玫瑰、中間擺放一個上面裝飾著用糖霜擠花做成的玫瑰花蛋糕。粉紅色與橘色、具有華麗感的玫瑰是派對上的小主角。

將玫瑰庭院當做為戶外派對空間。試著用英國製野餐籃裝飾成野餐風。

英國風的餐桌裝飾。

Life with Rose
EAT

甜點

# 品嘗玫瑰

倘若栽種玫瑰時，沒有使用農藥，或是採用有機無毒法栽培的玫瑰，即可作爲食用。然而，並不是每一種玫瑰都同樣美味好吃。食用時可以選擇花瓣柔軟、較無苦澀味、浮沫較少、香氣濃郁的玫瑰。

## 玫瑰果凍

直接選擇食用品種、「食用玫瑰」做出簡單的甜點。煮沸後加入檸檬汁，再快速倒入 5g 洋菜粉攪拌，呈透明狀即可熄火，分裝至容器內，等待冷卻凝固。

豐華玫瑰兩朵、平陽玫瑰一朵。將花瓣剝散後，洗淨、瀝乾。

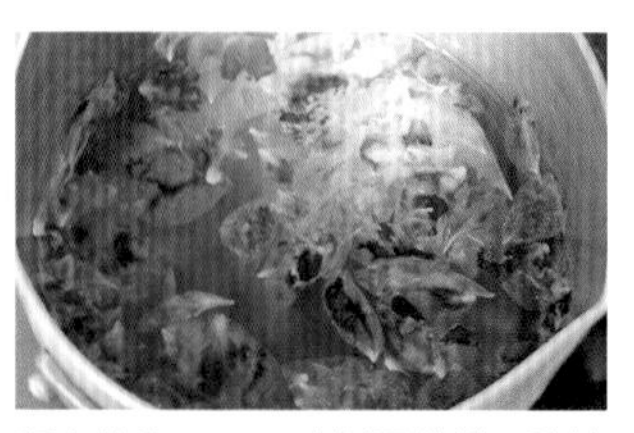

鍋中放入 300cc 水以及花瓣、砂糖三大匙，開中火、不停攪拌。

煮滾後轉小火，蓋上鋁箔紙，再煮約三分鐘。重點是要預防蒸發、鎖住香氣。

## 玫瑰花糖

將花瓣一瓣一瓣用細砂糖包裹住，即可成為吸睛又美味的甜點。使用香氣良好、中輪的完整花瓣會比較容易做出美味的成品。完成後可以放在通風良好的室內或是冰箱，三～五天就會完全乾燥，想要長久保存的話可以放在裝有乾燥劑的儲存容器內，建議約三個月內食用完畢。

將洗淨瀝乾的花瓣（正反面）沾上含有一匙檸檬汁的蛋白液。

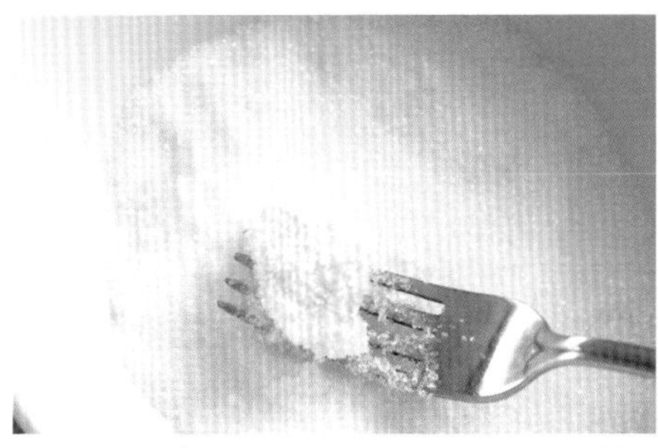

將沾有細砂糖的花瓣用叉子取出，排放在烘焙紙上，避免重疊。

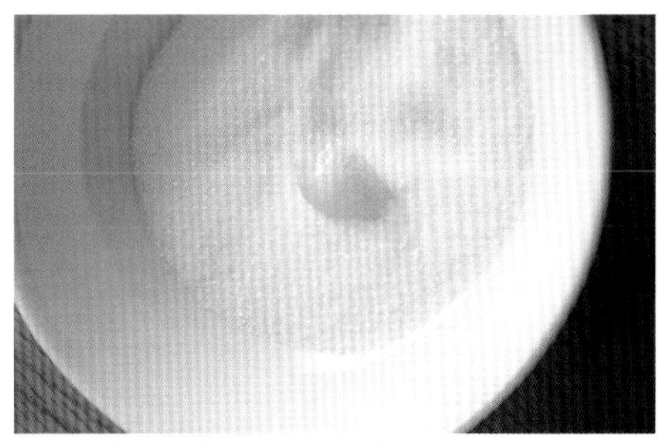

接著，將細砂糖撒在花瓣上（正反面）。

# 戚風蛋糕

重點是將花瓣與玫瑰利口酒混入麵糊當中。

材料：中型蛋白六顆、蛋黃五顆、細砂糖 100g、低筋麵粉 120g、玫瑰利口酒 80cc、檸檬汁兩小匙、沙拉油 80cc、香氣宜人的玫瑰乾燥花瓣 8g。

準備無農藥、香氣宜人的玫瑰花瓣，或是以有機無毒法栽培的玫瑰乾燥花瓣。

使用事先做好的玫瑰利口酒。製作方法方面，只需要將香氣宜人的花瓣（新鮮花朵）與冰糖放入 35% 以上的燒酎即可。

## 伊頓混亂

以英國名校——伊頓公學命名的甜點。僅在鮮奶油中混入馬林糖、草莓等，是一款簡單的甜點。只要再淋上玫瑰果醬或是糖漿即可完成一道帶有玫瑰風味的「伊頓混亂」。

## 玫瑰果醬

選擇三～四朵柔軟、較無苦澀味、浮沫較少的「食用玫瑰」花瓣，在鍋中放入 1 ／ 2 杯水，用中火煮約七～八分鐘，去除浮沫。加入砂糖三大匙、檸檬汁一小匙、果膠一大匙，再煮二～三分鐘，出現黏稠狀後即關火，趁熱倒入容器內。

## 裱花蛋糕

在杯子蛋糕上裝飾由奶油糖霜製成的玫瑰，可以做出時尚美觀又可愛的原創蛋糕。

烤箱預熱 180°C。在蛋黃中放入一半的細砂糖，靜置一個月以上的玫瑰利口酒、檸檬汁、沙拉油，用打蛋器充分攪拌。

加入乾燥的玫瑰花瓣、低筋麵粉後充分攪拌。倒入沒有任何塗裝的模具內，放入已預熱 180°C的烤箱，烘烤約四十分鐘。

將剩下的細砂糖分次放入蛋白中，充分攪打至接近硬性（乾性）發泡。蛋糕冷卻後即可加上鮮奶油作為裝飾。

# 糖霜餅乾

## 糖霜專用餅乾製作方法

**材料**

低筋麵粉 200g、奶油 100g、砂糖 80g、蛋黃一顆、鮮奶一大匙、香草精少許。

**作法**

1. 將已在室溫下回溫的奶油以及砂糖與其他材料混合。
2. 將低筋麵粉與作法 1 的材料混合後，用麵棍桿平、做出形狀。
3. 將步驟 2 的內容排列在烤盤上，以 160°C烘烤。冷卻後即可裝飾。

香氣宜人的紅色小花瓣在使用上會比較方便，所以「豐華」、「平陽」等品種的玫瑰就相當適用。所謂「糖霜」，是指將細砂糖、蛋白混合後作為蛋糕或是餅乾的裝飾物。正式名稱為「皇家糖霜（Royal icing）」，起源於十八世紀的英國皇室。

準備翻糖糖膏、水、天然色素色粉、銀色裝飾糖球、乾燥花瓣。

將翻糖糖膏放入碗中，加入少量的水，用湯匙背面按壓使其呈黏稠狀。

必須出現堅挺的硬角（硬性發泡）、可用線刀立即切斷的硬度。用沾有水的線刀切割時，中間會稍微有些沾黏的堅硬度。

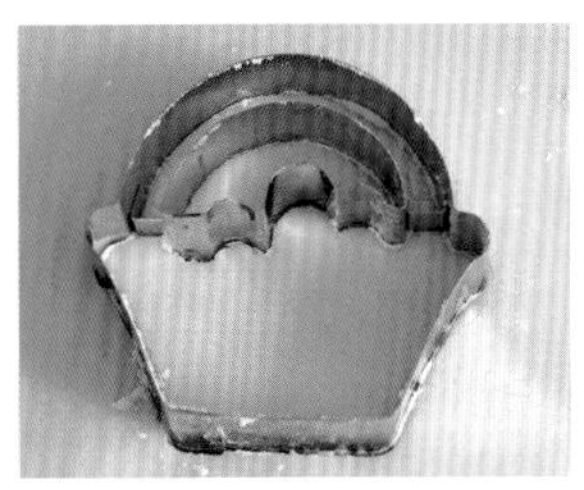

從紙捲擠花袋前端擠出糖霜。先用剪刀修整花瓣大小，再用翻糖糖膏當作黏著劑黏貼花瓣以及銀色裝飾糖球。

## 玫瑰餅乾

將乾燥花瓣拌入麵糊內，帶有些許玫瑰香氣的冰盒餅乾。麵糊材料與擠花餅乾相同。

玫瑰擠花餅乾的作法是把麵糊放入擠花袋，然後擠出一個「の」字型。用 170℃烘烤十四～十六分鐘即完成。

## 玫瑰生乳捲

**材料**

雞蛋四顆、細砂糖 30g、麵粉 60g

**作法**

1. 先將雞蛋、細砂糖放入盆中，再用矽膠刮刀拌入麵粉後混合。
2. 烤盤內鋪上烘焙紙、倒入麵糊，以 180℃烘烤十二分鐘。
3. 冷卻後，塗抹混有玫瑰果醬的鮮奶油並且將其捲成圓筒狀。
4. 完成後，也在蛋糕體外側塗抹奶油，並以花瓣裝飾即可。

## 玫瑰沙拉

只要將新鮮玫瑰花瓣與其他食用花卉作為沙拉的裝飾，就能夠搖身一變成為招待賓客的一道料理。最好選用「食用玫瑰」等可以享受到新鮮美味的玫瑰品種。在沙拉中放入這些只要光看就能讓人怦然心動的玫瑰色沙拉醋醬，藉由玫瑰的療癒，讓疲累的身心重獲新生。

## 玫瑰利口酒

事先製作好的玫瑰利口酒，是用來添加蛋糕風味的重要物品。此外，也可以運用於玫瑰雞尾酒或是飲品。製作方法與水果利口酒相同。

準備一些香氣宜人的花瓣（鮮花）約占容器 2 / 3 以及約占容器 1 / 4 量的冰糖、35% 以上的燒酎。

在容器內放入玫瑰花瓣、冰糖、燒酎（適量），保存在陰涼處、放置約一個月，用濾網濾掉花瓣即完成。

## 玫瑰沙拉醋醬

用約五朵「食用玫瑰」、砂糖、橄欖油、檸檬汁、香草鹽、蘋果醋等沒有刺鼻味的醋。清爽的味道與沙拉非常相襯，帶有些許的玫瑰香味。

隔天，用雙層過濾碗，濾掉花瓣，再混入調味料即可。

在容器內放入玫瑰花瓣、砂糖、醋，靜置一天。

# 充滿玫瑰的耶誕節

這個季節可以享受到冬季仍盛開的玫瑰，及春季玫瑰們所留下來的玫瑰果。搭配裝滿玫瑰果的可愛耶誕花圈及英式耶誕蛋糕。

## 玫瑰果花圈

紅寶石色與綠色混雜，可以製作出一個非常美麗的玫瑰果花圈。

「粉紅玫瑰花（Rosa muktiflora adenochaeta）」（Sp），別名：筑紫薔薇的玫瑰果。

在蠟燭台上放置一些季節性的植物，並且用玫瑰果裝飾。

可以用乾燥玫瑰、八角、薑餅、松毬組合、製作成一個香氛乾燥花盤。

運用玫瑰與玫瑰果製作的耶誕裝飾花藝作品。

## 香氛鹽罐
## moist-potpourri

將剛摘下來的新鮮玫瑰以及香草香氣用天然鹽密封起來，外觀看起來即是很優雅的鹽罐，稱作玫瑰鹽罐（moist-potpourri）。

從庭院摘下具有濃郁大馬士革香氣的「露易絲奧迪爾（Louise Odier）」以及德國洋甘菊、蜜蜂花、薰衣草。

在天然鹽中混入數滴精油，即可在享受芳香氣味狀態下製作。將所有材料放入玻璃容器內，靜置約一個月，使其熟成。

從容器取出後，充分攪拌均勻，再放入淺碟中，即可作為室內芳香劑或是作為沐浴鹽使用（敏感肌者請避免作為沐浴鹽使用）。

## 香氛乾燥罐
## dry-potpourri

摘下並且剝開一些香氣強烈的花瓣，用水稍微清洗後，去除水氣。在平盤上鋪烘焙紙，讓花瓣不要重疊，放在房間內自然乾燥。

三～七天後，花瓣會變脆、乾燥。在保存容器內放入乾燥劑，即可保存約一年。

不想剝開花瓣、想要維持花形直接進行乾燥時，也可以將花束朝下吊掛。具有放鬆以及恢復精神的效果。

所謂香氛罐是指將花、葉、香草、辛香料、樹果、果皮等混入精油後再放入容器使其熟成，以作為放置於房內的芳香劑，可以讓人享受其香氣的物品。將乾燥的花瓣以及香草、精油數滴充分混合。放入密封容器三天左右，使其熟成即製作完成。

# 玫瑰植物染

將玫瑰的天然色素移轉到布匹上，披掛在身上時會覺得好像有玫瑰纏繞在身上。染上溫柔玫瑰色的絲質長巾，彷彿讓心情也染上了玫瑰色。準備一個350ml 的容器，以及可以放滿該容器的紅色玫瑰花瓣量、食用醋、絲質長巾作為材料。

我們可以使用身邊的食用醋，取出紅色的玫瑰色素。因為顏色非常容易移轉，也可以享受重複染色的樂趣。只要將玫瑰花瓣浸泡一晚的食用醋，即可做出紅色的液體。

靜置一晚後，取出花瓣，將剩餘液體放在盆中。這時，可以用手充分擰擠花瓣，盡可能擠出更多的紅色色素。

染長巾時，可以用清水調整盆中的紅色液體濃度。為了避免有些地方沒有均勻上色，亦可用手按壓。

浸泡三十分鐘左右後，用自來水洗淨，再陰乾。

# 蠟燭・白瓷陶器

先製作玫瑰、薰衣草等的乾燥花。

容易乾燥的冬季最適合來製作乾燥花。

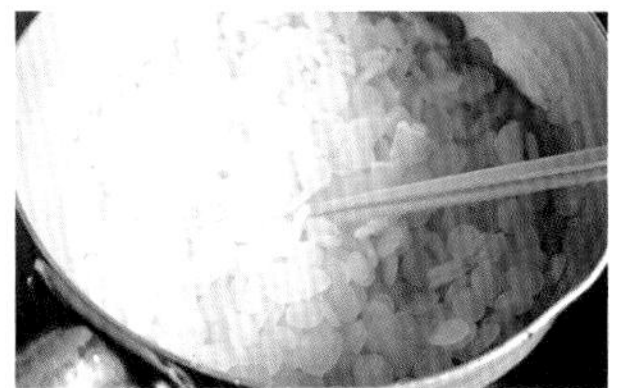

將石蠟（片狀）放入鍋內加熱溶解，並且用免洗筷將其攪拌、避免燒焦。

將乾燥的玫瑰或是香草密封在蠟燭中。準備乾燥的玫瑰或是香草、牛奶紙盒、石蠟（片狀）。將溶解的石蠟放入牛奶紙盒等，必須先將燭芯固定，並且在周圍放入乾燥花後，再倒入石蠟，即完成。

如果可以將自己繪製的玫瑰，甚至是自己培育出的玫瑰印在餐具上，那該有多美好啊！許多培育玫瑰者，因為經常觀察玫瑰，進而創造出一些美麗的作品。

# 收藏品・和服

「和服」可以說是映照時代的鏡子。大正~昭和年間，戰前和服上綻放著當時被稱作「洋花」的「玫瑰」，所以我便買下珍藏。在和服上繪製的玫瑰是相當重要的歷史資料。它們躲過了戰火，抵達我的手邊。

「豆沙色四季花紋正絹振袖」，會讓人想起大正～昭和年間、戰前的事物，振袖[註1]彷佛一件植物藝術品，上面繪製著寫實且鮮活的美麗花朵。

寫實繪製出的玫瑰，代表的是那遙遠時代人們的夢想與憧憬。

在黑底上大膽繪製出橘色～白色漸層刺繡玫瑰的名古屋帶[註2]。

明治時期後，自國外進口至日本的玫瑰等花卉被稱作「洋花」，擁有相當高的人氣，並且逐漸傳遞至庶民手上。上方和服圖片中所繪製出的玫瑰、鬱金香、仙客來（Florists Cyclamen）、銀蓮花（Anemone）等花卉皆是由橫濱園藝公司於明治四十五年（一九一二年）進口，因此推測會將這些花卉用作於和服圖樣，應該是進口以後的事情。將美麗的花卉忠實呈現於和服的想法，即是源自於對國外進口的新型花卉有所興趣。相對於寫實且大幅繪製的「洋花」，也有稍微繪製梅、菊等日本自古以來的吉祥圖樣，與之相互呼應。我們可以從中發現不論任何時代都走在時代尖端的年輕女性興趣所在，以及該時代的背景。

譯註 1：原指未成年女孩的服裝，現成為未婚女性的最高階的禮服，也是和服中最華麗的類型。
譯註 2：方便造型打結的一種和服腰帶。

右：「紅底玫瑰圖樣御召縮緬振袖」
日本大正時代末期受到裝飾風藝術（法語：Art Déco）加上摩登感的抽象美圖樣影響，而將該抽象圖騰表現在和服上。和服上所繪製的玫瑰，與當時流行的花窗玻璃（stained glass）一樣，是樸素且模組化的抽象設計。

上：「紫底玫瑰鈴蘭天竺牡丹圖樣金紗縮緬」
相對於裝飾風藝術，這件帶有新藝術運動（法語：Art nouveau）所流露出的曲線圖樣，深具魅力。特徵是以植物為主題以及曲線，在明治末期左右至大正時期，以逆向輸入的形式流入日本。衣物上方所繪製的花朵有玫瑰、報春花、鈴蘭，以及當時被稱作「天竺牡丹」的「大麗花」。

「銘仙和服」是大正時期到昭和初期年輕女性們平時愛用的和服。雖然 100% 是絹織物，但因為是用較粗的絹絲，所以非常耐用，又便宜，運用在庶民的一般性穿著到想要華麗一點的穿著都非常受到歡迎。產地為栃木縣足利市、群馬縣伊勢崎市與桐生市、埼玉縣秩父市、東京都八王子市等。故意錯綜經線（縱線）與緯線（橫線），讓顏色分界模糊的「絣（Kasuri）」技法在當時相當流行。這些和服上繪製著大朵且顏色大膽的玫瑰，能讓人感受到與原本典雅日本風格迥然不同的活力。

# 收藏品・古書

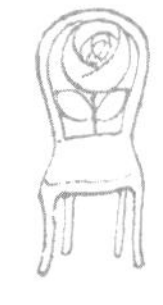

《本草圖譜》蔓草部分 二十七卷的複製本。右為白木香花，左為月季花。所謂本草，是指中國傳統醫學之於藥草（物）的相關學問。

日本正式開始栽種園藝品種的玫瑰，是在明治六～七年左右，最初由政府設置的「開拓使」自美國進口三十六項品種。經過扦插花苗後，再發放至民間，使其普及化。

此外，也以開港爲契機，由外國人直接進口玫瑰花苗，並且開始在居留地等處販售，玫瑰因而逐漸在日本普及。因爲想要詳細得知當時的情形，我也開始慢慢收集明治初期以及維新前針對玫瑰所撰寫的相關書籍。

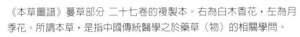

《本草圖譜》灌木部分 八十四卷木版手工上色的複製本。

江戶時代後期的植物學家——岩崎灌園著。其向小野蘭山學習植物學，並於文政元年（一八一八年），受到崛田正敦命令，向幕府獻上撰寫完成的彩色圖集《本草圖說》共六十三卷。並以此為基礎，於文政十一年（一八二八年）依《本草綱目》順序排列出自行繪製的兩千種圖片，集大成為《本草圖譜》共九十六卷九十二冊。

右為《図入り薔薇栽培法 上下（圖解 玫瑰栽培法 上下）》，左為明治八年（一八七五年）七月發行《ヘンデルソン薔薇栽培法（亨德森玫瑰栽培法）》，由彼得 · 亨德森（Henderson, Peter）（美國）著、水品梅處 譯（開物社藏書），亨德森被稱作「園藝之父」。以玫瑰的栽種方法為主，詳細記載扦插以及嫁接（接木）等繁殖方法，並且針對根的部分，記載玫瑰的冬季管理方法等。

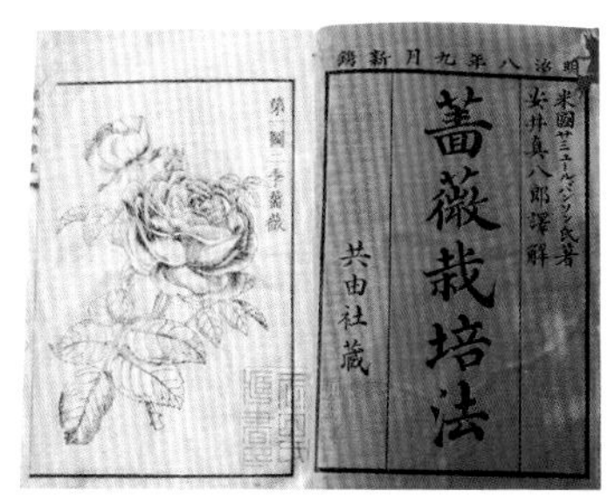



明治八年（一八七五年）九月發行的《図入り薔薇栽培法 上下（圖解 玫瑰栽培法 上下）》是由薩繆爾 · 帕森斯（Samuel Parsons）（美國）著、安井真八郎譯解 共由社藏書。作者為美國人，與其兄長共同創立園藝公司，進行水果與玫瑰等生產販售，同時撰寫玫瑰書籍。

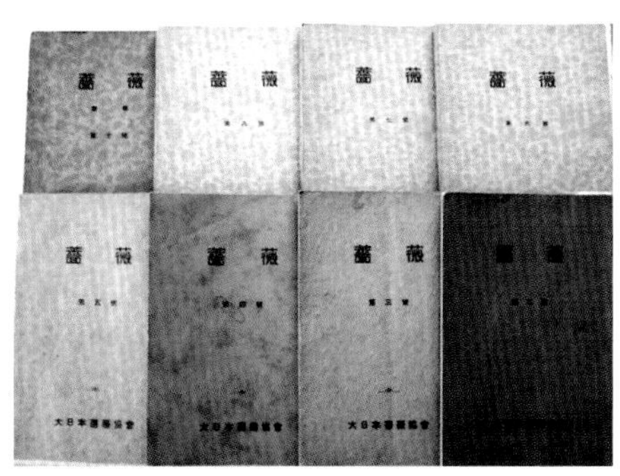



圖為「大日本玫瑰協會」第二號～第十號的會報。昭和八年於關西成立「大日本玫瑰協會」，兩年後亦於關東成立「帝國玫瑰協會」。當時玫瑰在日本國內的人氣高漲，關西、關東的玫瑰協會活動非常頻繁。到了第十號已接近戰火的非常時期，其中一篇「有滋潤的人生」僅以一朵花隱姓埋名，讓我深受感動。

「大正三年甲寅年簡曆」。右側為陽曆，中間則寫有「神武天王即位二五七四年」，左為中國農曆。這分曆書（月曆）是以一些貌似現代玫瑰的玫瑰做為穿著和服女性背景畫面。

明治三十五年（一九〇二年）七月十日發行的《薔薇栽培新書（玫瑰栽培新書）》賀集久太郎遺稿、小山源治編輯（京都 朝陽園）。其內容相當豐富多變，除了在植物分類學上的玫瑰、日本原產的玫瑰、中國的玫瑰、江戶時代的玫瑰、維新後的玫瑰、栽培方法，亦包含漢詩俳句、花語等。其中「玫瑰是文明之花」這句話令我印象深刻。

Life with Rose
LIFE

# 收藏品・花器

驀然回首才驚覺家中已經充滿飾有玫瑰圖樣的容器。這些大部分是牛奶壺、糖罐，或是餅乾罐，古色古香的器皿作爲花器，與古典玫瑰非常相襯。

Royal Copenhagen 丹麥

Limoges 法國

Spode 英國

Antique 法國

Antique 法國

Antique 英國

Antique 日本

Aynsleyu 英國

Spode 英國

銀製古物 英國

Antique 英國

Old Noritake 日本

Aynsleyu 英國

Antique 日本

Old Noritake 日本

Antique 英國

Life with Rose

LIFE

# 收藏品・盤子

我收集了一些玫瑰圖樣的盤子。有些是來自英國及法國的古物，也有一些是新品。

可以用來裝飾房間，亦可運用在宴會上。

不論時間流逝，這些繪製著玫瑰的容器們，都是我最重要的寶貝。

Buckingham Palace 英國

Old Noritake 日本

Herend 匈牙利

Crown Ducal 英國

Herend 匈牙利

Spode 英國

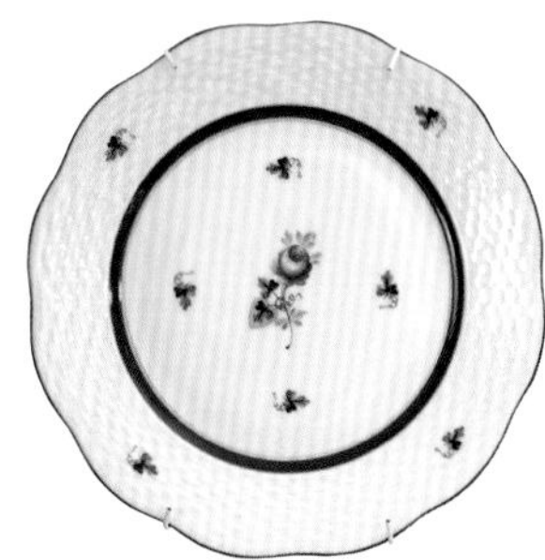

Herend 匈牙利

Dresden 德國

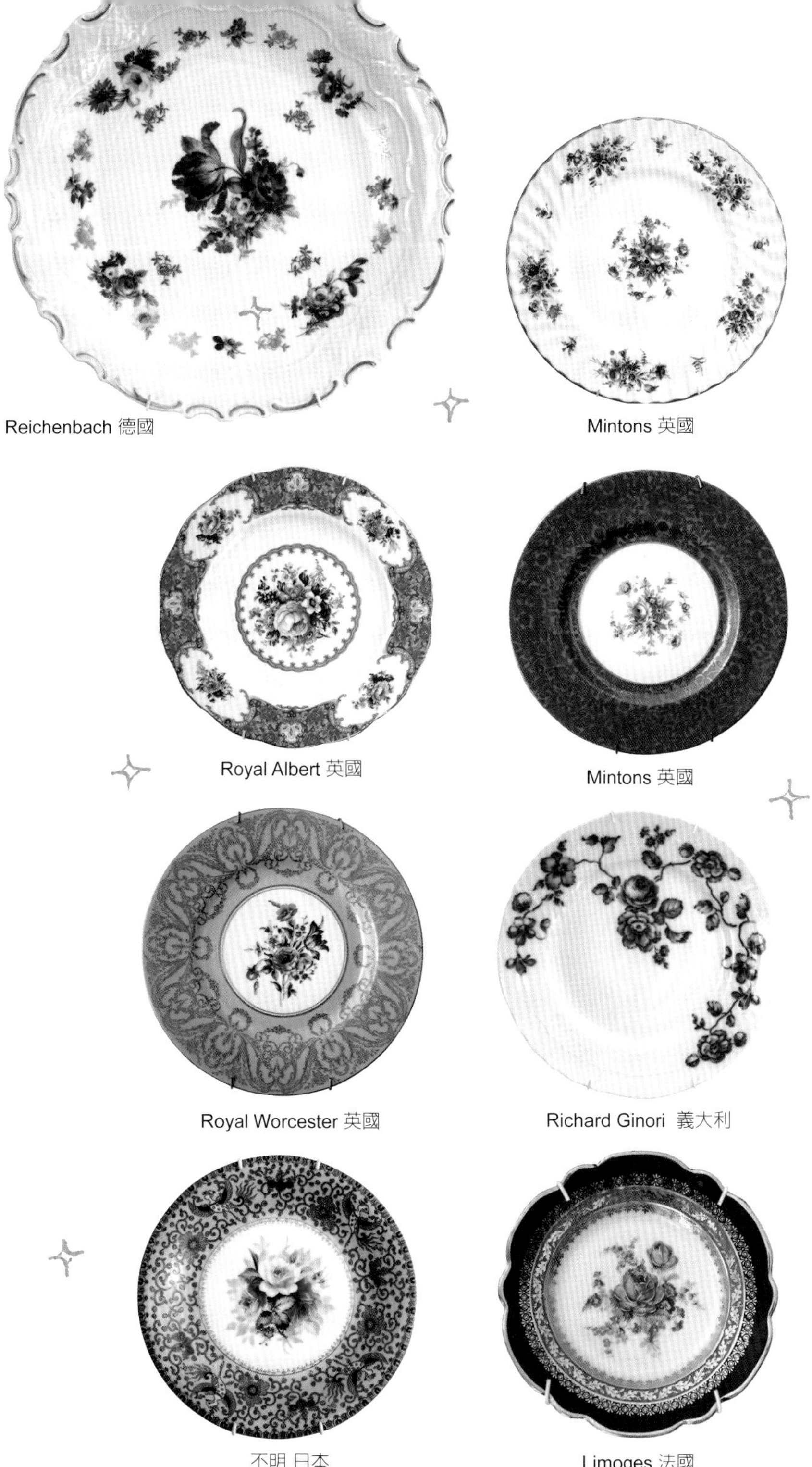

Reichenbach 德國

Mintons 英國

Royal Albert 英國

Mintons 英國

Royal Worcester 英國

Richard Ginori 義大利

不明 日本

Limoges 法國

column

4

# 玫瑰之旅

這世上並非不缺玫瑰，但是現在各個場合都可以看到玫瑰的姿態。原因不外乎是對玫瑰有熱情的人們讓玫瑰移動、繁殖進而擴散。

自古以來，人們就持續受到玫瑰魅惑。然而，爲何人們會一直對玫瑰如此魂牽夢縈呢？爲了解開這個謎團，我經常在五月自家的玫瑰花季結束後，前往海外的玫瑰莊園或是與玫瑰有歷史淵源的地方。藉此體驗玫瑰背景下淵博的故事，每次都令我受益良多且深感療癒。

世界聞名的英國「西辛赫斯特城堡花園」中的白色花園。

造訪位於法國北部、畫家——希德奈（Henri Le Sidaner）家旁的玫瑰村——「熱爾伯魯瓦」。

在富有歷史的義大利花都——「佛羅倫斯」，從波波里花園高台中的玫瑰園眺望。

由英國的葛拉漢湯瑪士先生（Graham Stuart Thomas）打造出匯集古典玫瑰的玫瑰聖地——「Mottisfont Abbey」。

拿破崙的皇后——約瑟芬將從全世界各地收集而來的玫瑰種植在馬爾梅松城堡。

將從「龐貝遺跡」中挖掘出描繪著約兩千年前庭院模樣的部分壁畫，印製成明信片。畫中的玫瑰被誘引攀附在支柱上。

# Story 4 栽培玫瑰

想要打造一座玫瑰庭園，有一些小祕訣。
必須運用玫瑰的特性去思考庭院配置、
根據玫瑰本身具有的顏色以及尺寸、
享受搭配其他種植物的樂趣，一切都是打造庭園的醍醐味。
然後，當美麗的玫瑰們奮力綻放殆盡，
又可以在期待下次綻放的同時，
開始進行鋤草、施肥、修剪摘心、移植等勤奮的庭園作業。

# 玫瑰庭園的一年

3・4月

### 新葉～花蕾膨脹鼓起的季節

春季，葉子會與剛萌芽的花蕾一起開始逐漸變大、擴散、長出新的葉子，是一個令人身心雀躍的季節。當小小的花蕾現身時，心中的喜悅更是難以用言語形容。同時也是必須保護重要葉子與花蕾的季節。

5月

### 玫瑰綻放、最閃耀的季節

玫瑰同時綻放，整個庭院都被玫瑰的香氣所包圍。是照顧一整年的玫瑰予以反饋的、最幸福的季節。這段時期就讓我們如預期地，用愛去讚嘆那些綻放的玫瑰，並且與玫瑰生活在一起。

6月

### 花朵凋謝，重新開始的季節

與春季花卉完全切割的時期，是要開始面對下一項作業開始的季節。去除殘花或植株根部周邊的雜草，在植株根部施加禮肥（秋肥）。也要進行修剪摘心、整枝、病蟲害預防等作業。

7・8月

### 熱氣與玫瑰大敵——害蟲飛至的季節

梅雨季結束的同時會突然轉變為高溫的季節，必須確實給予玫瑰水分。此外，也會看到很多害蟲飛至，是必須努力進行病蟲害防治的季節。重點是必須修剪摘心、整枝、打造出一個通風良好的環境。

玫瑰原本就是能夠持續生長數年之久的植物，必須要有長期栽培照護的覺悟。此外，日本高溫多溼～低溫乾燥、四季分明，所以只要在每個季節確實進行該有的作業，即可減輕玫瑰的生長負擔，亦可建置出更完善的培育玫瑰環境。

近來，耐病蟲害、比以往容易培育、樹勢健壯的品種大量增加。必須下點功夫，在適當時期進行適當的作業、用聰明的方式照顧玫瑰，我想應該就能開心享受擁有玫瑰的生活。

此外，P.126詳細整理出一整年的施肥重點，敬請對照參考。

9月

## 讓玫瑰從暑氣中恢復精神的季節

為了在秋季還能綻放出美麗的花朵，讓因為夏季炎熱而虛弱無力的玫瑰恢復體力，這是一個重要的季節。上旬必須進行夏季修剪、施加活力劑或補充營養，為下個月的開花期做準備。

10・11月

## 秋季玫瑰開花的季節

與春季氣候不同，秋季玫瑰的特徵是綻放較緩慢，但花期稍微較長。也因為這段期間的氣溫變化，花色會更加濃郁美麗。四季開花性、反覆開花性的秋季玫瑰，能讓人心情愉悅。

12・1・2月

## 最重要的冬季修護季節

冬季是進行原肥、換盆、移栽、移植、誘引、修剪、強剪等會影響春天及玫瑰後續栽種相關的重要修護季節。在寒冷氣候中，確實照顧好玫瑰是很重要的事情。

# 打造玫瑰庭園

黃色、杏色、奶油色及橘色、淡粉紅色玫瑰們聚集的角落。從右開始依序是「仁慈的赫敏（Gentle Hermione）」、「金色邊境」，後方是「派特奧斯汀」，左側則有「克羅克斯玫瑰」等。

玄關前方主要栽種大輪蔓性玫瑰——比埃爾·德龍沙（Pierre de Ronsard）」。下方的白色玫瑰是「繁榮富裕（別名：白滿天星，Prosperity）」。正前方是小輪叢狀開花的「芭蕾舞者（Ballerina）」等。

這是新家剛改建好時的庭院狀態。玫瑰們都剛完成移植。因為玫瑰具有攀爬特性，所以我們在玄關前的迴廊空間設計了八根支柱。

開始接觸玫瑰，迄今約三十年。在這段過程中，我家曾經改建，幾乎所有的玫瑰都必須先暫時移植，改爲盆植。當時，爲了那些具有攀緣性（rambling）的玫瑰以及蔓性玫瑰，我們還特別在玄關前的空間做了可以讓玫瑰們發揮其攀爬蔓延特性的支柱。

努力打造一個可以讓大約二五〇種玫瑰們互相協調襯托的庭院。

比方說，我會將同類的食用玫瑰種植在一起，並且搭配顏色的層次進行組合，使他們呈現出自然的狀態。此外，也會在後方種植比較容易長得高大的品種，再考慮中等～低矮的品種，還要考量植栽橫向擴張性品種等的高低差。再者，將大輪玫瑰與小輪玫瑰搭配在一起，並且以花色、樹形、花朵大小等爲考量重點，完成了一個玫瑰庭院。

改建好大約十年後，「保羅的喜馬拉雅麝香玫瑰」已經爬上了迴廊屋頂，繼續爬向二樓的屋頂。因為只會稍微修剪，所以轉眼間就長得如此龐大。

「康斯坦斯·史普萊（Constance Spry）」攀爬在自英國進口素材而建立的英式住家牆壁上。正前方的毛地黃打造出一個優雅的粉紅色漸層角落。

## 神谷家

讓人有身處英國的錯覺，美麗的庭院一角綻放著「葛拉漢湯瑪士（Graham Thomas）」。

紅玫瑰「費倫蒂娜（florentina）」搭配帶有優雅花色的粉紅小輪「保羅的喜馬拉雅麝香玫瑰」。

## 千葉家

讓「龍沙寶石」攀爬在玄關上方。

## 赤石家

前方是培育得很大輪的「新唐（New Dawn）」，與後方遲開的「保羅的喜馬拉雅麝香玫瑰」搭配得宜。

## 藏野家

品味優雅的美麗欄杆上綻放著「白色龍沙寶石（Blanc Pierre de Ronsard）」。

## 山脇家

庭院內側是「西班牙麗人（Spanish Beauty）」（左）以及「威廉·莫里斯（William Morris）（右）」。

# 色彩搭配

橘色玫瑰搭配白玫瑰、銀色植物以及葉片形狀唯美的植物。

淡杏色與粉紅色的玫瑰搭配紫色「林地鼠尾草」。

白色蔓性玫瑰搭配紫色「鐵線蓮」，彼此互相襯托。

玫瑰庭院造景最需要注意的是必須讓好不容易綻放的玫瑰們個別看起來都很美麗，與周圍其他植物搭配起來很協調。爲了實現這個理想，我們必須進行顏色的搭配規劃。

所謂顏色搭配，也就是配色規劃。具體而言必須在開始時決定希望呈現怎樣的氛圍、庭園打造的目的等，再決定要栽種那些符合色彩需求的植物。這時最方便的工具即是「色環（Color Wheel）」。在色環上，位於對角線位置的顏色是「互補色」，與該互補色組合搭配即可互相襯托。將同色系的放在一起，則會產生一種柔和的漸層感而散發出穩定的氛圍。顏色搭配相關學習方面，前往實際庭園進行觀察也很重要。

「白色溫徹斯特大教堂玫瑰」的周邊搭配藍色「美女翠雀花」及帶有銀色葉片感的「綿毛水蘇」，呈現出一種清爽的感覺。

「哈洛卡爾（Harlow Carr）」與「風鈴草」的配色組合。

淡黃色的「夏洛特·斯丁（Charlotte Austin）」搭配互補色——藍色的「紫斑風鈴草」。

# 與玫瑰相襯的植物

**天使花**
會在五月～十月反覆開花，剛好與玫瑰開花的期間一致。植高 20 ～ 50 cm。

**紫花毛地黃（Foxglove）**
紫花毛地黃具有韻律感的延伸縱線能夠擴大縱向的空間感。

**銀葉菊**
銀色的植物是能夠為周遭帶來明亮、舒適且沉靜氣氛的魔法植物。

**老鸛草**
即使位於遮陰處也能健壯生長。因為其生長高度，是很適宜種在玫瑰根部附近的低矮植物。

**山桃草**
擁有蝴蝶般花型的山桃草，更能彰顯玫瑰的存在感。

**白花毛地黃（Digitalis）**
像毛地黃這種能夠呈現縱線的植物，種在玫瑰附近，可以讓玫瑰更加顯眼。

玫瑰自己本身就已經很美，但也可以與各式各樣的植物搭配組合，打造出一個自然、令人身心舒適的英式花園。

在此容我介紹幾款很適合與玫瑰搭配的植物。建議可以搭配細長的穗狀小花或是極小輪的花朵、色彩比較豐富的植物。試著尋找可以充分彰顯玫瑰花色，又能彼此相襯的植物吧！

**芫荽**
與任何花色的玫瑰都很好搭配的白色芫荽，是非常重要的植物。

# 共榮植物

我的庭院內大量運用了香草等共榮植物。雖然照片內沒有拍到，但是目前為止我認為最優秀的共榮植物就是「香葉棉杉菊」。我們實際感受到「香葉棉杉菊」的氣味能夠減少靠近玫瑰的害蟲。

「艾瑪漢彌爾頓女士（Lady Emma Hamilton）」花盆前方種植著「歐蓍草」，能夠幫助玫瑰成長的狀態良好。帶有清爽芳香的「唇萼薄荷」等除了可做為地被植物，也能用來驅蟲。

避免陽光直接照射花盆表面，也可以在花盆周圍種植「辣薄荷」。即使不是玫瑰花期，「辣薄荷」以及香草植物的香氣也令人療癒。

將花盆疊成兩層，上方栽種玫瑰新苗，下方種植「迷迭香」、「檸檬百里」等香草植物，即可預防病蟲害。香草的香氣可以避免害蟲靠近，減少害蟲危害。

所謂共榮植物（Companion plants）是指種植在附近，能夠互相幫助、讓彼此長得更好的植物。玫瑰的共榮植物是一些能夠幫助驅趕易附著在玫瑰植株上的害蟲，或是幫助玫瑰比較不容易染病的植物，主要就是香草植物等，可以期待帶來一些預防效果的植物。

我不僅享受培育玫瑰的樂趣，也會把玫瑰用於飲食、運用在日常生活中，因此我盡量不使用化學殺蟲劑或是農藥。想說試著稍微與預防病蟲害沾到一點邊也好。

不單是考慮植物的選擇，我們還可以把花盆疊成兩層。藉由分成兩層的方式，讓香草植物協助保護玫瑰根部也是很重要的事

# 枝條修剪、殘花修剪、除芽、修剪摘心

玫瑰修剪主要是以冬季與夏季爲主，除此之外，枝條混雜、過度茂密、乾枯，或是內枝向外延伸等都必須盡早處理，注意通風。蔓性玫瑰以外的玫瑰，從五月底到六月左右必須進行修剪摘心，從植株下方開始數，於六～八片葉子上方進行摘心（用手摘除）。只要進行摘心，該枝條就無法繼續獲取養分，營養即可分散到其他枝條。

上述動作進行二～三回，待夏季修剪後，即可望在秋季欣賞到漂亮的花朵。

此外，殘花修剪方面，除非是爲了要在秋季收成玫瑰果，花朵開盡後不能置之不理，必須勤快地摘除殘花。避免染上灰黴病，而影響枝條、葉片、新花蕾的生長。叢狀開花的殘花必須一一剪下。除此之外，則從花朵下方五片葉、七片葉的本葉（外芽）上方進行修剪。這樣一來，下一次再長出的花朵就會更加健壯。

冬季誘引後的枝條長出新芽，新葉逐漸變大。必須去除不必要的芽，放置在通風良好的地方栽種，即可預防染病。

冬季修剪範例

枝條修剪：雖然必須根據植株大小而定，但是基本上在冬季修剪方面，HT 系統要修剪 1 / 2，S 系統、F 系統、Min 系統則是修剪 1 / 3。夏季修剪基本上會修剪在更高的位置。

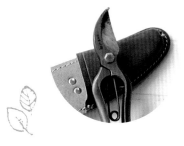

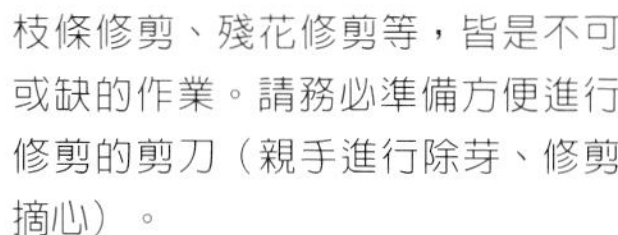

枝條修剪、殘花修剪等，皆是不可或缺的作業。請務必準備方便進行修剪的剪刀（親手進行除芽、修剪摘心）。

殘花修剪：修剪殘花時，請從花朵下方第五片本葉或是第七片本葉上方修剪。

除芽：春季往往會冒出很多新芽，但是仔細看就會發現我們根本就是被蒙蔽了，那些並不是花芽而是葉芽。此外，同一個位置一直長出芽時，必須留下好的芽，去除其他芽，這個動作稱作除芽。這項作業不需使用剪刀，直接用手摘除即可。

# 移栽、移植

原本栽種在花盆內的玫瑰花苗，如果想要移植到其他花盆或是改爲地植，一整年隨時都可以進行。然而，如果是地植的玫瑰想要移植，則只能夠在冬季進行。因爲除了冬季以外，玫瑰很不喜歡被切除根部。根部前端稱作「根冠」的部位，是用來吸收水分與養分的重要部位，如果在冬季休眠期以外的時間切除，就無法吸收水分與養分。

高溫燒烤過的粒狀木炭。具有多孔性質、排水性佳又能夠保水，放入盆底再稍微混入培養土，有利於根莖生長。但若放置過多則會因為土壤偏鹼性而造成反效果。

### 地植用土
（深度直徑約 50cm 的凹洞）

從挖出的土中選出適量的土 + 一杯發酵肥料 +1L 炭化稻殼或小粒泥炭土 +500g 骨粉花肥 +300g 油粕混合。

※ 可以用已發酵的有機肥料（Biogold Classi 基肥 400g）取代油粕與骨粉花肥。

※ 欲在盆植用土中放入肥料，僅限已發酵的有機肥料。如果放入上述之外的有機肥料、化學肥料，可能會傷害到植栽根部，進而造成植株乾枯。盆底可先鋪放約 4cm 高的小粒泥炭土。

### 盆植用土（8 ～ 9 號）

用土比例是小粒赤玉土 6 ～ 7：發酵肥料 4 ～ 3：小粒泥炭土一搓，與已發酵完成的有機堆肥（Biogold Classi 基肥 100g）充分混和。

在盆底放入小粒泥炭土，可以幫助根系成長得更好，也能夠讓植株更茁壯。

豔金龜成蟲會在夏季飛來進行交配，並且將蟲卵產在花盆內的土壤中。因為牠們會啃食玫瑰根部，所以只要發現就必須立刻予以驅除。

盆植用土每年冬季都必須更換一次，確認是否有如圖中的豔金龜幼蟲或是癌腫病等。

## 聚集在玫瑰上的昆蟲們

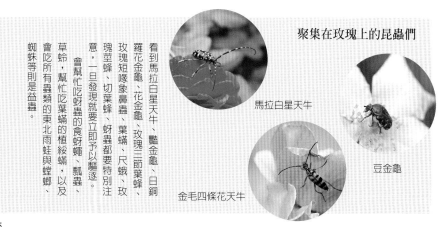

看到馬拉白星天牛、豔金龜、日銅羅花金龜、花金龜、玫瑰三節葉蜂、玫瑰短喙象鼻蟲、葉蟎、尺蛾、玫瑰莖蜂、切葉蜂、蚜蟲都要特別注意，一旦發現就要立即予以驅逐。

會幫忙吃蚜蟲的食蚜蠅、瓢蟲、草蛉，幫忙吃葉蟎的植綏蟎，以及會吃所有蟲類的東北雨蛙與螳螂、蜘蛛等則是益蟲。

馬拉白星天牛

豆金龜

金毛四條花天牛

# 施肥的重點

想要培育玫瑰，不可遺漏的就是施肥。
在此說明施肥的重點。
敬請與P.114「玫瑰庭園的一年」對照參考。

## 施肥的時間

| | |
|---|---|
| 1月～2月 | A 冬季基肥　一年分的營養 |
| 3月上旬～花蕾出現顏色 | B 春季追肥　每兩週一次 |
| 花蕾出現顏色～開花期 | 不施肥 |
| 6月上旬 | C 禮肥 |
| 7月 | C 禮肥 |
| 8月下旬～9月上旬 | C 禮肥 |
| 9月上旬～花蕾出現顏色 | B' 秋季追肥　每兩週一次 |
| 花蕾出現顏色～開花期 | 不施肥 |

## 施肥的重點

**必須考量肥料三大營養素——氮（N）、磷（P）、鉀（K）的用途、目的以及均衡比例配方。**

N：（氮主要是葉片與枝條的肥料）
P：（磷主要是花與果實的肥料）
K：（鉀主要是根的肥料）

A 冬季基肥：
一杯發酵肥料、1L泥炭土或是小粒泥炭土、500g骨粉花肥、300g油粕（可以用已發酵的有機肥料，取代油粕與骨粉花肥　大約使用400gBiogold Classi基肥〔TACT股份有限公司〕即可）。
註：盆植專用土的基肥僅限使用發酵肥料、泥炭土或是小粒泥炭土，以及已發酵的有機肥料。

B 春季追肥：
使用磷含量較高的液態肥料或是固態肥料。

C 禮肥：
因為要進行修剪，必須採用N、P、K成分均衡的肥料配方。

B' 秋季追肥：
使用磷含量較高的液態肥料或是固態肥料。

Story 5

# 玫瑰的祕密

當今世上，玫瑰相關的各種資訊充斥，
一切都是玫瑰迄今仍讓許多人魂牽夢縈的證明。
除了已經進入榮譽殿堂的玫瑰，
未來想必還會不斷出現扣人心弦的新款玫瑰吧！
而那些得以解開玫瑰祕密的關鍵字都已經被鑲嵌在此。

# 關於玫瑰的Q&A

**Q.1 是否有讓剪下的玫瑰，維持更長觀賞期的方法呢？**

**A.1** 在水中用剪刀斜剪，讓玫瑰可以從切面吸收到大量水分。等到玫瑰再度看起來沒精神，就用同樣的方法再斜剪一次。

**Q.2 有必要給玫瑰一張名牌嗎？**

**A.2** 其實非常需要一張寫著玫瑰品種名稱的名牌。如果沒有名牌，不僅不知道品種名稱，也無法正確理解該款玫瑰的系統、樹形、花色、花型、香氣等相關資訊。

**Q.3 可以在哪裡購入花苗呢？**

**A.3** 最好的方法是親自實地去看、選擇優良的花苗再購入。但是，如果附近沒有這樣的店家，也可以經由網路向可信賴的玫瑰花苗業者購買。可參考p.131。

**Q.4 世界上最長壽的玫瑰是？**

**A.4** 德國北部城市希德斯海姆（Hildesheim）的聖米迦爾（St. Michael）教堂庭院中，據說有一株種植於西元八一五年、樹齡超過一二〇〇年、史上最古老的玫瑰，現在亦存活著。

## Q.5 全世界最大的玫瑰園是？

## A.5

全世界最大、名聲最響亮的玫瑰園位於日本岐阜縣可兒市的「花卉節紀念公園」。整體占地80.7 ha，約有七千個品種，三萬株玫瑰的規模。

## Q.6 日本人憧憬的世界玫瑰之谷在哪裡？

## A.6

玫瑰油生產量占全世界80%，位於保加利亞的巴爾幹山脈與斯雷納山脈（Sredna Gora）之間的區域，被稱作「玫瑰之谷」，其主要幹道「卡贊勒克（Kazanluk）」也是一款玫瑰的名字。

## Q.7 栽種過玫瑰的地方是否就不能再種了？

## A.7

玫瑰如果栽種在已經種植過其他植物的地方，會影響生長、難以栽培，這種情形稱之為「忌地現象」。欲在相同的地方栽種時，必須先去除舊土壤，更換新土。

# 難以言喻的神祕玫瑰

**異味薔薇**
*Rosa foetida persiana*
雜交茶香玫瑰——黃色花卉的第一號「黃金太陽（Soleil d'Or）」親戚品種。Foetida 帶有臭味的意思，其本身具有一種青草的獨特氣味。| 系統名稱 | Sp | 綻放花型 | 杯型～四分簇生型 | 育出國 | 中東與近東（發現）| 育出年 | 1837 年（發現）| 育種者 | 不明

**綠野仙蹤**
*Viridiflora*
別名：綠玫瑰。完全四季開花型，會開出許多如菊花般的綠色花朵。每朵花約有一百瓣花瓣，會從綠色逐漸轉為紅褐色。| 系統名稱 | Sp | 綻放花型 | 小輪菊狀型 | 育出國 | 美國（發現）| 育出年 | 1827 年（發現）| 育種者 | John Smith（發現）

**依斯汀米蘭**
*Exiting Meilland*
具有會從花心再次長出花朵的「貫生花（prolifera）」性質，自發表以來即作為切花品種。是樹形圓整的玫瑰。| 系統名稱 | HT | 綻放花型 | 貫生花型 | 育出國 | 法 | 育出年 | 2012 年 | 育種者 | Meilland 公司

**巴比倫埃利都**
*Eridu Babylon*
以古都巴比倫命名，生長於中東與近東高溫乾燥沙漠地帶，一年僅開一次花。由於是帶有「波斯玫瑰（Rosa persica）」血緣的品種，花卉中央有個長得像是眼睛的紅色裝飾。| 系統名稱 | S | 綻放花型 | 單瓣型 | 育出國 | 荷蘭 | 育出年 | 2008 年 | 育種者 | Interplant

# 作者珍藏的玫瑰花園資訊分享

東京都立神代植物公園

東京都調布市深大寺元町 5-31-10

花菜花園

神奈川縣平塚市寺田縄 496-1

川崎生田綠地玫瑰苑

神奈川縣川崎市多摩區長尾 2-8-1

佐倉草笛丘陵玫瑰園

千葉縣佐倉市飯野 820

京成玫瑰園

千葉縣八千代市大和田新田 755

David Austin ENG. R.G.

大阪府泉南市幡代 2001

國營越後丘陵公園

新瀉縣長岡市 宮本東方町字三ツ又 1950-1

橫濱英式花園

神奈川縣橫濱市西區西平沼町 6-1

tvk ecom park 内

Rosa & Berry 多和田

滋賀縣米元市 多和田 605-10

豪斯登堡

長崎縣佐世保市ハウステンボス（豪斯登堡）町 1-1

推薦的玫瑰苗銷售網站

・京阪園藝 Gardener Web Shop

・京成バラ園藝網路商店

・バラの家（玫瑰苗專賣店）網路商店

・デビッド•オースチン•ロージス（David Austin Rose）官方玫瑰苗網路商店

・サカタのタネ園藝用品網路商店

・公益財團日本ばら會會員創出花通信銷售（會員育種花卉）

column

5

# 進入榮譽殿堂的玫瑰們

## 現代玫瑰

2018年第18屆 丹麥哥本哈根大會「吸引（Knock out）」法國 Meilland 公司育種
2015年第17屆 法國里昂大會「雞尾酒（Cocktail）」法國 Meilland 公司育種
2012年第16屆 南非約翰尼斯堡大會「莎莉福爾摩斯（Sally Holmes）」英國 Holmes 育種
2009年第15屆 加拿大溫哥華大會「葛拉漢湯瑪士（Graham Thomas）」英國 David Austin 育種
2006年第14屆 日本大阪大會比埃爾・德龍沙（Pierre de Ronsard）法國 Meilland 公司育種
2006年第14屆 日本大阪大會「愛蓮娜（Elina）」英國 Dickson 育種
2003年第13屆 英國格拉斯哥大會「邦妮卡82（Bonica 82）」法國 Meilland 公司育種
2000年第12屆 美國休斯敦大會「英格麗・褒曼（Ingrid Bergman）」丹麥 Poulsen 育種
1997年第11屆 比荷盧聯合大會「新日出（New Dawn）」美國 Somerset 玫瑰苗圃育種
1994年第10屆 紐西蘭基督城大會「喬伊（Just Joey）」英國 Cants of Colchester 育種
1991年第9屆 英國貝爾法斯特「帕斯卡里（Pascali）」比利時 Lens 育種
1988年第8屆 澳洲雪梨大會「米蘭爸爸（Papa Meilland）」法國 Meilland 公司育種
1985年第7屆 加拿大多倫多大會「雙喜（Double Delight）」美國 Swim 育種
1983年第6屆 德國巴登巴登大會「冰山（Iceberg）」德國 Kordes 育種
1981年第5屆 以色列耶路撒冷大會「馥郁雲朵（Fragrant Cloud）」德國 Tantau 育種
1979年第4屆 南非普勒托利亞大會「伊莉莎白女王（Queen Elizabeth）」美國 Lammerts 育種
1976年第3屆 英國牛津大會「和平（Peace）」法國 Meilland 公司育種

1.

2.

3.

## 古典玫瑰

2018年第18屆丹麥哥本哈根大會「木香薔薇（Rosa banksiae f. lutea）」（木香花）（Sp）

2015年第17屆法國里昂大會「查爾斯的磨房（Charles de Mills）」（G）

2012年第16屆南非約翰尼斯堡大會「變幻莫測（別名：蝴蝶玫瑰）（Mutabilis）」（Ch）

2012年第16屆南非約翰尼斯堡大會「法國玫瑰（變種）（Rosa gallica officinalis）」（G）

2009年第15屆加拿大溫哥華大會「法國玫瑰（Rosa mundi）」（G）

2006年第14屆日本大阪大會「哈迪夫人（MmeHardy）」（D）

2003年第13屆英國格拉斯哥大會「白色奴賽特（Mme Alfred Carrière）」（N）

2000年第12屆美國休斯敦大會「國色天香（Gruss an Teplitz）」（Ch）

「莫梅森的紀念品（Souvenir de la Malmaison）」（B）個別評選

「粉月季（Old Blush）」（Ch）個別評選

「第戎市的榮耀（Gloire de Dijon）」（N）個別評選

「Cecil Brenner」（Pol）個別評選

6.

5.

4.

1. 白色奴賽特（ Mme Alfred Carrière）（古典）2. 粉月季（Old Blush）（古典）3. 法國玫瑰（變種）（古典）4. 冰山玫瑰（Iceberg）（現代）5. 新日出（New Dawn）（現代）6. 比埃爾·德龍沙（Pierre de Ronsard）（現代）

* 所謂進入殿堂的玫瑰是指經由世界玫瑰協會聯盟 World Federation of Rose Societies（WFRS）每三年舉辦一次「世界玫瑰會議」所評選並獲獎的玫瑰。

# 結語

目前除了利用玫瑰製成的香水製品，市面上還充斥著肌膚保養用的化妝品以及糕點等各式各樣的玫瑰再製商品。這些再製商品會因爲原料是天然或是化學合成，而有價格高低之分。年輕世代在與實際的植物——玫瑰接觸之前，與玫瑰再製商品的接觸經驗反而非常多。聞到眞正的玫瑰香氣後，許多人會表示化妝品味道其實不好聞。乍看之下，世界上好像到處都是玫瑰，但是我並不認爲認識眞實玫瑰的人有所增加。希望您務必栽種一株眞正的玫瑰，大量增加與玫瑰接觸的時間。玫瑰會告訴您許多事情，而且絕對超越您的想像。在擁有玫瑰的生活中，認識這深奧的玫瑰世界，可以讓心靈變得更富有。

藉由本著作出版的機會，在此衷心表達我的謝意，謝謝每兩年前來我家拍攝一次的攝影師——大作晃一先生，以及總是給我適當建議的編輯——藤井文子小姐，還有其他以各種形式支持鼓勵著我的各位。

二〇一八年七月　於已規劃整理兩年後的自家庭院

元木春美

# 索引

| | | |
|---|---|---|
| Miyabi | 雅 | 83 |
| Miyako | 美雅子（京） | 82 |
| Mme de la Roche-Lambert | 羅蘭巴特夫人 | 81 |
| Mme.Antoine Mari | 安東尼瑪麗 | 56,60 |
| O | | |
| Olivia Rose Austin | 奧利維亞·羅斯·奧斯汀 | 19,25 |
| Ondina | 日本藍色妖姬 | 54 |
| Orchid Romance | 蘭花玫瑰 | 37 |
| Oscar François | 歐思嘉 | 35 |
| P | | |
| Paris | 巴黎 | 82 |
| Pat Austin | 派特奧斯汀 | 46 |
| Paul's Himalayan Musk | 保羅的喜馬拉雅麝香玫瑰 | 59,75 |
| Peche Bonbons | 杏桃糖果 | 80 |
| Phyllis Bide | 菲利斯彼得 | 57,69 |
| Pink Gruss an Aachen | 粉色向亞琛致意 | 57,64 |
| Princess Alexandra of Kent | 愛莉珊德拉 · 肯特公主 | 47 |
| Princesse Charlene de Monaco | 摩納哥公主 | 19,23 |
| R | | |
| Radio | 收音機 | 80 |
| Redouté | 雷杜德 | 34 |
| Rosa alba semiplena | 半重瓣阿爾巴白玫瑰 | 85 |
| Rosa banksiae normalis | 單瓣白木香 | 85 |
| Rosa canina | 南美洲狗玫瑰（別名：狗薔薇） | 85 |
| Rosa chinensis var. spontanea | 野生種單瓣月季 | 85 |
| Rosa damascena | 突厥玫瑰（別名：大馬士革玫瑰） | 36 |
| Rosa foetida persiana | 異味薔薇 | 130 |
| Rosa gallica officinalis | 法國玫瑰（變種） | 85 |
| Rosa gallica versicolor | 法國多色玫瑰 （別名：曼迪玫瑰） | 80 |
| Rosa gigantea | 壯花玫瑰 | 44,85 |
| Rosa laevigata | 金櫻子（別名：大金櫻子） | 81,85 |
| Rosa luciae variegatus | 光葉斑紋玫瑰 | 88 |
| Rosa multiflora adenochaeta | 粉紅玫瑰花（別名：筑紫茨） | 84 |
| Rosa multiflora | 野薔薇（別名：野玫瑰） | 85 |
| Rosa roxburghii | 繅絲花（十六夜薔薇） | 81 |
| Rosa roxburghii normalis | 單瓣繅絲花 （別名：刺梨） | 84 |
| Rosa rugosa | 野生玫瑰 | 48,84 |
| Rosa x Centifolia | 百葉玫瑰 | 40 |
| Rosalie Lamorlière | 羅莎莉 | 35 |
| Rose Pompadour | 龐帕杜夫人 | 43 |
| S | | |
| Saint Honire | 聖多諾黑 | 79 |
| Scepter'd Isle | 權杖之島 | 51 |

| | | |
|---|---|---|
| Shangri-La | 香格里拉 | 20,32 |
| Sharifa Asma | 夏莉法阿斯瑪 | 43 |
| Sheherazad | 雪拉莎德（別名：天方夜譚） | 21,28 |
| Shortcake | 草莓蛋糕 | 79 |
| Sou | 爽 | 54 |
| Spek's yellow | 史畢克的黃玫瑰 （別名：金色權杖） | 88 |
| Splendens | 艾爾郡紅 | 51 |
| St.Cecilia | 聖賽西莉亞 | 51 |
| Strawberry Ice | 草莓冰 | 79 |
| Strawberry Macaron | 草莓馬卡龍 | 79 |
| Sweet Moon | 甜月 | 54 |
| T | | |
| Tamora | 泰摩拉 | 51 |
| The Dark Lady | 黑影夫人 | 19,22 |
| The Faun | 牧神（又稱巴薩諾瓦，Bossa Nova） | 66 |
| Thumbs Up | 稱讚 | 80 |
| V | | |
| Variegata di Bologna | 抓破美人臉 | 80 |
| Verschuren | 維索爾倫 | 88 |
| Viridiflora | 綠野仙蹤 | 130 |
| W | | |
| William Shakespeare 2000 | 威廉莎士比亞 | 38 |
| Winchester Cathedral | 溫徹斯特大教堂 | 34 |
| Wisley2008 | 衛斯理 2008 | 18,24 |
| Y | | |
| Yuugiri | 夕霧 | 18,27 |
| Yves Piaget | 伊夫伯爵 | 83 |
| | | |
| | 紫枝 | 78 |

台灣自然圖鑑 047

# 怦然心動的玫瑰圖鑑

## ときめく薔薇図鑑


| | |
|---|---|
| 作者 | 元木春美 |
| 照片 | 大作晃一 |
| 翻譯 | 張萍 |
| 主編 | 徐惠雅 |
| 執行主編 | 許裕苗 |
| 版面編排 | 許裕偉 |

| | |
|---|---|
| 創辦人 | 陳銘民 |
| 發行所 | 晨星出版有限公司<br>台中市 407 西屯區工業三十路 1 號<br>TEL：04-23595820　FAX：04-23550581<br>E-mail：service@morningstar.com.tw<br>http：//www.morningstar.com.tw<br>行政院新聞局局版台業字第 2500 號 |
| 法律顧問 | 陳思成律師 |
| 初版 | 西元 2020 年 03 月 06 日 |

| | |
|---|---|
| 總經銷 | 知己圖書股份有限公司<br>106 台北市大安區辛亥路一段 30 號 9 樓<br>TEL：02-23672044 / 23672047　FAX：02-23635741<br>407 台中市西屯區工業三十路 1 號 1 樓<br>TEL：04-23595819　FAX：04-23595493<br>E-mail：service@morningstar.com.tw<br>網路書店 http://www.morningstar.com.tw |
| 讀者服務專線 | 02-23672044 / 23672047 |
| 郵政劃撥 | 15060393（知己圖書股份有限公司） |
| 印刷 | 上好印刷股份有限公司 |

定價 450 元

ISBN 978-986-443-959-1

國家圖書館出版品預行編目（CIP）資料

怦然心動的玫瑰圖鑑 / 元木春美撰文 ; 大作晃一照片 ; 張萍翻譯 . -- 初版 . -- 臺中市 : 晨星 , 2020.03
面 ; 公分 . -- ( 台灣自然圖鑑 ; 47)
譯自 : ときめく薔薇図鑑
ISBN 978-986-443-959-1 ( 平裝 )

1. 玫瑰花 2. 植物圖鑑

435.415025 108021508

**参考文獻**

《新・薔薇大図鑑 2200》山と溪谷社／《魅惑のオールドローズ図鑑》御巫由紀監修・文、大作晃一写真　世界文化社／《ばら花図譜国際版》鈴木省三著　小学館／《つるバラとオールドローズ》高木絢子著　主婦の友社／《アフターガーデニングを楽しむバラ庭づくり》家の光協会

**合作者**

（株）Flos Orientalium（フロスオリエンタリウム）代表 浦辺苳子
Design Team Liviu 石畑真有美・葛西知子
Beau & Bon 主宰 多賀谷まり子
Antiques Violetta 代表 青山櫻
洋菓子教室サロンドマリー 代表 横井満里代
ポーセリンペインティング教室 atelier HAZEL 主宰 山村晃子
南町田のお菓子教室 Sakura bloom 主宰 長嶋清美
Tea Mie 主宰 坂井みさき

**日文版設計**

岡 睦、更科絵美（mocha design）、野村彩子

**插圖**

コーチはじめ

**照片提供**

（薔薇の花、スイーツ、コレクションなど）、元木春美

**協力**

川崎生田緑地ばら苑、佐倉草笛の丘バラ園、京成バラ園、キングスウェル、
飯塚園芸 @ アトリエ Ohana